休闲农业发展中的牛文化挖掘

邓蓉 王伟 著

中国农业出版社

北京

图书在版编目（CIP）数据

休闲农业发展中的牛文化挖掘／邓蓉，王伟著．
—北京：中国农业出版社，2020.5
ISBN 978-7-109-26639-1

Ⅰ．①休…　Ⅱ．①邓…②王…　Ⅲ．①牛－文化研究
—中国　Ⅳ．①F329

中国版本图书馆 CIP 数据核字（2020）第 036786 号

休闲农业发展中的牛文化挖掘
XIUXIAN NONGYE FAZHANZHONG DE NIUWENHUA WAJUE

中国农业出版社出版
地址：北京市朝阳区麦子店街 18 号楼
邮编：100125
责任编辑：姚　红
版式设计：王　晨　　责任校对：巴洪菊
印刷：中农印务有限公司
版次：2020 年 5 月第 1 版
印次：2020 年 5 月北京第 1 次印刷
发行：新华书店北京发行所
开本：720mm×960mm　1/16
印张：19.5
字数：300 千字
定价：58.00 元

前　言

　　在国家实施乡村振兴战略背景下，各地都在大力倡导乡村一二三产业融合发展，由此推动了休闲农业与乡村旅游的快速发展，并使之成为乡村经济发展中新的增长点。对于我国乡村发展而言，休闲农业与乡村旅游发展可以充分利用我国乡村的各种资源，可以拓展乡村与农业经营的多功能性，可以延长农业的产业链，有利于在乡村增加农民就业机会，有利于改善乡村生态环境、生活环境和乡土文化环境，也有利于促进城乡社会的和谐发展。

　　休闲农业是指在乡村范围内利用乡土文化、乡村环境、田园景色、农业生产场所、农业经营设施、农家生活环境等资源，为外来游客提供体验、观光、休闲、度假、娱乐、养身等多种服务的乡村综合经营形态。从广义来看，休闲农业包括休闲种植业、休闲畜牧业、休闲林果业、休闲森林业、休闲渔业、乡土农家乐等经营形式和经营内容。

　　事实上，休闲农业是以乡村和农业为基础和载体，以休闲为经营目的，以服务为经营方式，以城市游客为目标顾客群，来实现乡村农业和休闲旅游业相结合、第一产业与二三产业相融合的新型乡村产业综合发展形态。休闲农业以提供民众休闲、增进民众对农业及乡村之生活体验为经营目的。

　　牛伴随着中华民族的农耕历史度过了数千年，其间，牛文化也经历了由诞生、传承到不断发展的过程。牛文化是我国农耕文化的重要组成部分，体现了中华民族对生命起源的探索和对于勤恳踏实、任劳任怨的耕牛的崇敬。牛耕曾经维系着国运，联系着民生。对于牛的崇拜，曾经填补了我们祖先心灵的饥渴，使他们获得了精神的慰藉。今天，我们依然能从典籍、诗歌、绘画、岩画、文物中感受到牛曾经的物质存在与精神存在，那些关于牛的传说与掌故以及由此派生出的传统牛文化也一直传承至今。

牛文化中所包含的神话故事、各地风俗、诗词歌赋、绘画、雕塑、绣品、剪纸等在我国民间流传极广，其藏于民间，历久弥新，蔚为大观。伴随着乡村一二三产业的融合发展，养牛业也需要进行多功能拓展，以养牛业为主要载体的休闲农业与乡村旅游也在迅速发展。而探索和挖掘我国农耕文化中优秀的牛文化基因，则有利于促进我国优秀的传统文化不断传承和发展，有利于加深我国休闲农业发展的文化底蕴，也有利于实现以优秀的传统文化引领我国休闲农业发展。

希望《休闲农业发展中的牛文化挖掘》一书的出版，能促进以优秀的乡村传统文化引领休闲农业发展，能丰富我国农村经济研究领域的学术成果，也能促进农村经济研究领域不同学术观点的交流。由于作者水平有限，本书难免存在不足之处，这一领域的某些观点和问题也尚待进一步研究和探讨，敬请专家和读者批评指正。

另外，在本书筹划和撰写过程中得到"国家社科基金项目——保障我国畜产品食用安全对策研究（项目编号：13BGL098）"和"北京市社科基金项目——北京农业创新与农业多功能拓展研究（项目编号：10AbZH172）"的支持和资助，在此一并表示感谢。

作　者

2020 年 2 月

目　录

第一章

牛对中华农耕文明的推进

牛具有吃苦耐劳、脚踏实地、埋头苦干的优良品质与天性。因此，牛备受华夏先民的喜爱与推崇，据说蚩尤部落农耕时就已使用了牛。在有着古老文明的华夏大地上，至今还流传着许多古人颂赞牛的传说和典故，这为中华农耕文化增添了更加丰富的内容。牛文化中所包含的神话故事、各地风俗、诗词歌赋、绘画雕塑等在我国民间流传极广，其藏于民间，历久弥新，蔚为大观。

牛耕曾经维系着国运，联系着民生。对于牛的崇拜，曾经填补了我们祖先心灵的饥渴，使他们获得了精神的慰藉。今天，我们依然能从典籍、诗歌、绘画、岩画、文物中感受到牛曾经的存在，那些关于牛的传说与掌故以及由此派生出的传统牛文化也一直传承至今。

一、牛是人类最得力的伙伴和助手

牛朴实而坚强，勤劳而勇敢，憨厚而奇倔……是人类最为得力的伙伴和助手。它用艰苦的劳作，将人类拉向富足；它以身躯充当食物，为人类提供生存所需的营养；它用甘甜的乳汁，来维系人类的康健。总之，它倾尽自己全身的一切，丰富了人类古往今来的物质生活与精神生活。

牛是人们最常见的饲养动物，是人类的亲密伙伴，也曾经是人类生产生活中最得力的助手。尤其是在漫长的古代社会，牛在农耕中扮演着十分重要的角色。在春天的田野里，你可以看到它辛勤耕耘的身影；在秋天的乡间小路上，你可以看到它拉着车辆运粮的身姿，地上的车辙里也同样刻印着牛那坚实的蹄印。

在中国，对牛的崇拜是一种历史悠久的现象，与牛相关的传说故事，也在民间广为流传。仅仅是与牛有关的谚语、歇后语等，就达数百条之多；为牛的"生日"举行隆重的祭祀活动的地区也不在少数。在自然界那么多动物中，貌不惊人的牛，之所以能够受到人们如此的重视和崇拜，恐怕还是与它对人类所做出的重大贡献密不可分的。由于牛的加入，使得我国古代的农耕社会在生产力水平上跨越到了一个新的高度。所以说，是牛为农耕社会带来了一股春风，也迎来了一片春色。

今天，随着科学技术的发展，乡村农业生产力的结构已发生了很大的变化。被人们称为"铁牛"的拖拉机取代了耕牛，耕牛作为农业生产工具的作用已经大大削弱了。但是，牛仍然在人们的生活中扮演着重要的角色，倾其所有为人类提供肉、奶、皮、骨、内脏等产品。因此，我们应该好好认识牛这个"朋友"，并感恩牛曾经和正在为人类所做的贡献。

（一）牛走入人类的生活

牛，哺乳动物，牛科，体形粗壮，它是"六畜"之一；一般有角，角中空，由头骨向两侧呈大弧度伸出；四趾，上颚无门齿；胃分四室，草食反刍；牛可以分为乳用、肉用、役用和兼用等类型。迄今为止，牛是人类驯化最成功的牛科大角型哺乳类动物。

牛对于人类的生活贡献很大，既可以用于使役，又可以用来食用或制作生活用品。牛浑身是宝：牛肉可吃，牛奶可喝，牛黄可入药，牛骨可制作乐器、角号、梳子、簪子，牛皮可加工成牛皮船（牛皮筏子、牛皮囊船）、靴鞋、铠甲、盾套、箱包、套子、盒子和各式各样的生活器皿用品，牛毛制绳子、擀毡、毯子、衣服，就连牛粪都是优质的肥料、牧民建房舍的材料和牧民日常依赖的主要燃料。

在公元前 2 800 年至公元前 2 300 年之间，华夏族人驯化了牛。牛的品种有很多，大致可分为黄牛、水牛、牦牛、瘤牛、杂种牛等 5 种。中国原产的主要有黄牛、水牛和牦牛。

中国自古以来就是以农立国的国家。因牛体大力强，就成了农家耕田、运输的好帮手。据《农桑衣食撮要》记载："一牛可代七人之力。"在古代，牛还是人们祭祀神灵的牺牲品。据《说文》中记载："牛，大牲也。"其他古文献中也有关于牛的记载："祭天子以牺牛""肇牵车牛""服牛乘马"，等等。

1962年在陕西省绥德出土，现藏于西安碑林博物馆中的《牛耕图》，显示了中国的牛耕出现在春秋末期，但牛耕真正大面积使用并推广则是在汉代。汉武帝时的搜粟都尉赵过，发明了二牛三人的耦犁，进一步提高了耕作速度（图1-1）。

图1-1 汉代发明的"二牛三人的耦犁"牛耕示意图

江苏睢宁出土的汉画像石的代表作《牛耕图》，刻画了东汉时期的耕作场面：一个壮年男子扶犁，呵斥着拉犁的两只牛正在犁地，大牛的身旁一只牛犊跟随并行。男子的身后紧跟着一个孩童随垄撒种，旁边有一个女子正挥锄耘苗，一个老者前来送饭。背后一辆满载肥料的车上，悠闲地停落着几只小鸟，车旁卧着的一只小狗懒懒地望着前方。这幅画再现了汉代睢宁的农忙景象（图1-2）。

图1-2 江苏睢宁出土的汉画像石《牛耕图》

（二）从食其肉到利其用

在人类早期，原始人的主要食物来源是狩猎动物和采集野生果实和植物块根。处于野生状态的牛，也是人类重要的捕猎对象，这一点我们从许许多多的远古岩画中可以得到印证。其中，有的岩画就是表现狩猎的壮观场面的，狂奔的野牛清晰可辨。

野牛由于体大力壮，对于武器装备落后的原始人来说，要对付这样强大的对手自然是相当困难的。但是，一旦野牛被捕获成功，那就可以让整个部落的人们饱餐一顿了。因此，在当时捕获一头野牛，就成为一件让整个部落的人都高兴的事。原始人捕获野牛，不外乎有两大功用：一是食其肉，二是寝其皮。总之，就是用来解决当时人们的基本生存问题。

经过长期的艰苦努力，人类逐渐有了食物的剩余，即捕获的动物多了，暂时吃不了，于是就用围栏把牛关起来，采集的果子暂时吃不了，也就储藏起来。久而久之，人类逐步开始了对野生动物的饲养和对野生植物的种植。由此，人类也就逐渐结束了不断迁徙的生活，从而使定居成为可能。据推算，这个时期大约是在新石器时代的中晚期。

大约到了距今 6 000～7 000 年前的新石器时代晚期，就已经出现了饲养的家牛，这一点已经从考古发现中得到证实。比如，浙江河姆渡文化遗址和良渚文化遗址、吉林大安文化遗址、甘肃齐家文化遗址等，都有大量的牛骨被发现。其中，南方地区以水牛骨为主，北方地区以黄牛骨、牦牛骨为主。

当然，在新石器时代，人们把牛用围栏关起来的目的只是为了吃牛肉和以牛皮御寒，以解决食物短缺时的充饥问题和天冷时的御寒问题。不过，在河姆渡文化遗址中，也发现了用牛骨制作的生产工具，这说明牛骨已经有了制作生产工具的功用，而且当时的人们已经在使用生产工具了。

在人类社会发展的早期，特别是在游牧时代，牛曾经在社会文化中起过巨大的作用。牛肉和牛奶是人们的优质食品，牛皮可制作成御寒的衣物，也曾经充当过用来交换其他生活用品的一般等价物。同时，牛还具有社会意义、礼仪意义和宗教意义。拥有多少牛群就标志出人们社会地位的不同。在众多的社会礼仪中，比如命名礼、成年礼、婚丧嫁娶等活动，牛也是不可缺少之物。在今天，我国一些偏远地区的少数民族仍然存在这些情况。在我国的藏区，一个人或一个家庭拥有牦牛的数量，曾经就是标志其社会地位和政治地位的尺度。由此可见，牦牛在藏族人心目中的位置有多么重要。

在商代，牛主要用是于祭祀和食用，并且已经有人开始专门饲养牛，而且搭建了比较坚固的牛圈。这些在甲骨卜文中均有记载。当时，牛除了食用之外，牛骨还用于占卜（以牛骨充当占卜工具）。同时，牛还被大量用于当时的各种祭祀活动，被列入祭神的供品之中。从此，全牛一直是中国祭品中的上品，被列为"三牲"之一，在大型的祭祀活动中都少不了全牛。

到了西周时期，养牛业有了较大的发展，牛在生产和生活中的运用也日渐广泛起来。在很少的地区，仍以牛为主要的肉食对象；但在更多的地区则是将牛用于运输，比如驾车、乘骑，牛车和马车是当时最主要的运输工具。《左传·昭公七年》记载："马有圉，牛有牧，以待百事。"《前汉书·刑法志》记载："故四井为邑，四邑为丘。丘十六井也，有戎马一匹，牛三头。四丘为甸，甸六十四井也，有戎马四匹，兵车一乘，牛十二头，甲士三人，卒七十二人，干戈备具，是谓乘马之法。"

当时牛车不仅用于平时的运输和乘骑，而且用于军事战争，牛成了战场上冲锋陷阵的排头兵，这种情况一直延续到战国时期。比如，《史记》卷八二《田单列传》中，就记载了这样一个战例：齐王时，齐国被燕国打得一败涂地，仅剩下两座城市未被攻破。据守即墨的田单，为了收复齐国的失地，面对强大的敌人，一方面利用离间计和激将法，诱使燕国更换将领和激起城内齐民对燕国的仇恨；另一方面，排出了一个奇特的火牛阵，最终打败了敌军。

田单搜罗了城中仅有的千余头牛，在其身上披上大红的衣布，画上五彩的龙纹，在牛角上捆绑锋利的尖刀，在牛尾捆扎浇上油脂的苇草，待牛冲出城时将其点燃。然后，在城墙上挖几十个洞，晚上放牛冲出城，并派出 5 000 名经过精心挑选的勇士尾随其后。牛尾点燃后，牛狂怒奔向燕国的军营。燕军见到一路火光冲天，绘有龙纹的怪物在狂奔乱撞，顿时变得溃不成军，死伤无数。齐国的 5 000 勇士们乘机大败了敌军。同时，即墨城上的百姓敲锣打鼓，喊声震天动地。结果，齐军大胜而燕军大败，燕军的领兵首将被杀。齐军乘胜追击，夺回了七十余座城。这一战创下了战争史上以少胜多、以奇制胜的奇迹。而在这中间，牛的确是功不可没。

到了春秋战国时期，牛车仍是当时上层社会的主要乘骑工具。我国的文圣孔子就是乘着牛车周游列国的，并在沿途不断宣传他的治国与治民思想。当时，由于牛的大量饲养，杀牛祭祖也渐趋频繁起来，尤其是在上层社会中。同时，牛在生产活动中的地位也大大提高了。牛除了用于驾车、乘骑之外，那时就开始出现了牛耕。比如，据《国语·晋语》记载："夫范、中行氏不恤庶难，而欲擅晋国，今其子孙将耕齐，宗庙之牺为献亩之勤。"另据《史记·陈杞世家》记载："牵牛径人田，田宅夺之牛。"牛耕的出现，是对牛的潜力的最大发挥，也是牛对人类社会的最大贡献之所在。牛在中国社会中，在中国老百姓心目中的崇高地位，都是起因于它长期以来在田间默默地耕耘。

二、牛促进了农耕文明的发展

牛对人类的最大贡献是与农耕联系在一起的，农耕使得牛成为农业生产最主要的畜力。《山海经·海内经》中说："后稷是播百谷。稷之孙曰叔均，是始作牛耕。"这种说法也许不是很准确，有可能是后人的附会之说。但从科学的观点来看，牛耕的出现，必须具备两个基本的条件：一是对牛的驯化，二是金属犁的出现。

（一）对牛的驯化

人类只有定居下来以后，才有可能驯养大型牲畜。牛的驯养，在我国大约是六七千年前就已经开始了。在比仰韶文化稍早的山西怀仁鹅毛口石器工场的遗址里，就已经发现了畜牧用具；在仰韶文化中已经发现牛、马、猪的骨骸；浙江余姚河姆渡遗址已发现 6 800 年前的水牛骨骼；在距今四五千年前的良渚文化中，就有相当大数量的水牛遗骨出土。

1. 人类驯化动物的历程

根据现代动物考古学研究的成果，牛是人类已经驯化的大型食草类哺乳动物中最重要的五种之一，其他四种分别是绵羊、山羊、猪和马。而次要的九种大型食草类哺乳动物中，与牛相关的也占了四种，即阿拉伯单峰骆驼、中亚双峰骆驼、美洲驼和羊驼、驴、驯鹿、水牛、牦牛、巴厘牛、白肢野牛。

大型哺乳动物的驯化实际上在距今 4 500 年前就已全部结束了。世界上大约有一百多种可用来驯化的候补大型动物，结果只有几种通过了实验，剩下的就再也没有适合驯化的了。驯化失败的原因可以给我们某种启发，生物地理学家 J. 戴蒙德提供了六组主要的原因：

（1）日常食物，没有一种食肉的哺乳动物为充当食物而被驯化。

（2）生长速度，大猩猩和大象因生长速度太慢而被排除了。

（3）圈养中的繁殖问题，如猎豹在圈养中是不能繁殖的。

（4）凶险的性情，如非洲野牛、中亚野驴。

（5）容易受惊的倾向，如瞪羚。

（6）群居结构，独居的地盘性动物不易被驯化。

驯化的过程还包括两种选择：人类会选择那些更加适应当地自然环境、更好满足人类需求的动物进行驯化（比如，生活在高原的藏族民众选择了牦牛进行驯化）；人类还会选择那些在同种动物中更有益于人类的动物个体进行驯化（比如，人会选择体形更小、更温顺的牛进行驯化，结果是人类驯养的牛体形变小，性格更加温顺）。

有学者对比了驯化动物个体与野生动物个体，发现了由于驯化所造成的多种变化。比如，在残遗骨架上，驯化动物的脊骨变短、躯体变小、雌雄性差异减弱等。而且，这些特点在驯化初期不很明显，伴随着驯化时程的推进，这些特点越来越明显。

2. 牛棬（牛穿鼻环）的出现

牛的驯化，经历了一个相当漫长的过程。在《吕氏春秋·重己篇》中，就记载了这样一个故事：有一个叫乌获的大力士，"疾引牛尾，尾绝力积，而牛不可行"，而一个普普通通的人，"引其棬，而牛恣所以之"。意思就是说：大力士将牛尾巴都拉断了，牛也不肯走；而一个普通人，只要轻轻地牵着牛棬（牛穿鼻环），牛就乖乖地听他调遣。这说明，牛穿鼻环的重要性，也表明给牛穿鼻环是农耕发展中一项了不起的发明。

在上海博物馆馆藏中有一件青铜器——牛尊，出土于山西省浑源县李峪村的战国墓中，器高 33.7 厘米、长 58.7 厘米，背上有三个圆孔，每个圆孔上都安放有釜（锅子），这是一种温酒用器（图 1-3）。从牛尊有鼻环来看，春秋晚期的牛已普遍装有鼻环，并且用于农耕。

图 1-3　牛尊［出土于山西省浑源县李峪村战国墓］

在黄帝时代的"服牛乘马"，明白无误地说明在当时牛已经被驯化了。商人的祖先王亥发明了牛拉车。他曾赶着牛群至今河北易县一带，被有易氏杀死，王亥之子上甲微又打败有易氏，夺回了牛群。这在《山海经·大荒东经》中有记载，可以算是最早的记载了。周人设祭，以牛为牺牲，称为太牢，当属最高等级。《礼记·月令》中有"季夏土王，土胜水，当食黍而食牛。土，五行之尊者；牛，五畜之大者。四时之性，无足以配土德者，故以牛为季夏食也。"也有关于牛肉禁忌的记载。在《坐花果志》这类笔记稗史中就曾记有一家因三代不食牛肉而子孙得中进士的故事。无论如何，牛在中国的地位也是相当高的，乃至涉及国家的政治控制。

（二）犁的出现

我国原始农耕的发展与进步，其重要的标志就是农耕工具的不断改进。其中，大型破土器——犁的发明与改进，对农耕生产的发展起到了尤为重要的推进作用。

犁的改进可以分为三个阶段，即石犁（骨犁）→木犁→金属犁（铜犁、铁犁）。从考古发现来看，石犁、骨犁、木犁在新石器时代已经被广泛使用。比如，河姆渡文化遗址中就出土有骨耜，内蒙古林西遗址发现了不少大石耜（犁），松江县汤庙村遗址也发现了新石器时代晚期的有孔三角形石犁。相传木耒耜的创始人是神农氏，"神农氏作，斫木为耜，揉木为耒"（据《易·系辞下》）。

尽管当时石犁、木犁的运用已经比较普遍，但是骨犁和石犁容易折断和破损，只能由人来拉和推，而木犁缺乏硬度，也不够锋利，都还不适合于牛耕。只有进入了金属犁阶段，才有可能出现真正意义上的牛耕。

金属犁对提高耕作效率和耕作质量都起到了巨大的作用，但其也需要更大的动力，人力是难以适应这种需要的。因此，这时就迫切需要解决拉犁的动力问题。于是，人们就把当时用于拉车的牛作为一种牵拉动力，应用到农耕中来，牛耕也就应运而生了。

从冶炼技术的发展来看，应该是先有铜犁，后有铁犁。但从考古发掘的情况来看，春秋战国时期，铜犁发现甚少，而铁犁则普遍发现于河北、河南、山西、陕西、山东等地。其主要原因，大概是因为铜属于贵重金属，大多用于制造统治者使用的奢侈品，用于制作耕犁的较少。因此可以推断，从春秋末期开始，铁犁牛耕技术就在华夏大地较为普遍地使用了。

1952 年 8 月，在江苏省徐州双沟地区发现的汉画石，其中有一幅牛耕图（图 1-4），系二牛抬杠、一人扶犁，犁铧呈"V"形（据《江苏徐州汉画像石》，1959 年 8 月版）。

图 1-4 徐州双沟地区发现的汉画石—牛耕图

1959 年秋，在山西平陆枣园发现的东汉墓壁画中，有一幅牛耕图和一幅牛播图（图1-5），所反映的牛耕、牛播情况，分别为二牛抬杠和单牛曳拉，犁铧和耧足分别为等腰三角形和"V"字形（据《考古》，1959年第9期）。

图1-5 山西平陆枣园村汉墓壁画—牛耕图

三、牛在古代的主要用途

（一）充当祭祀供品

祭祀是古代传统文化的重要组成部分。在上古时代，养牛原是承袭渔猎和采集原始社会生活的发展。在我国原始社会中，已有"伏羲氏教民养六畜以充牺牲"和"尧、舜祭祀天地、山川百神"的古老传说。在《周礼》中就有"牛人养公牛"一语，意为养牛人为公家饲养供祭祀的牛。东汉张衡有"国之大事在祀，祀莫大于郊天奉祖"的奏章。古人把日、月、星、辰均视为天宗，把山、川、河、海视为地宗。并认为天宗、地宗掌控着一切，而且神秘莫测、威力无穷。古人对天神、地神，既敬且畏，所以对天神、地神的祭祀十分隆重。人们总是希望借助于隆重的祭祀，神明能多赐福、少降灾，老百姓也好安居乐业。

古代祭祀品，以牛为贵。所谓"太牢"之祭是指三牲（牛、羊、猪）俱全，没有牛牲的祭祀则称为"少牢"，这是自周代沿袭下来的制度。这些祭祀的牛，还有严格的等级之分。《礼记·五制》中说："祭天地之牛，角茧栗；宗庙之牛，角握；宾客之牛，角尺。"所谓"角茧栗"，就是说牛角只有蚕茧和板栗大小，可能是指犊牛或牛角非常短小的未成年牛。"角握"则是指牛角的粗细恰好一手刚握住，指壮年牛。"角尺"是说牛角的长度，应是指成年牛或老年牛。

到了春秋时期，用牛作祭品更为兴盛。《诗经·鲁颂·闷宫》中有"白牡骍刚，牺尊将将"之句。"白牡"就是指祭祀周公用的是白色的公牛；而祭祀鲁公用的是赤色的公牛。"牺尊"是指古代酒器，这里是指盛祭品的器皿。"将将"是指大而壮观之意，即牛被盛在大而华贵的托盘内祭祀周公、鲁公，显得既豪华又壮观。

这种祭祀制度经过商、周时代的不断完善，就逐渐固定下来形成制度。《吕氏春秋·慎势》中就有"古之王者，择天下之中而立国，择国之中而立宫，择宫之中而立庙"的说法。这种传统一直为历朝历代所尊奉并沿袭下来，成为华夏子孙的宗脉祭祀之根，起到了凝聚古代社会力量、推动古代社会发展的作用。在这其中，"牛"的作用举足轻重，"牛"确实为古代祭祀活动做出了巨大的"牺牲"。

（二）充当农耕的动力

随着农耕的发展，以及耕犁的出现，牛耕逐渐在乡野普及开来。清代赵春沂所著的《牛耕说》一文，其结论为："春谓牛耕之利与耒耜并兴。"神农氏创造了耒耜，因而牛耕亦当始于神农氏时代。据《山海经》记载："后稷之孙叔均，始有牛耕，"叔均就是周文王的祖先，后稷的后裔。而后稷是尧、舜时代的人。据此推理，耕牛最早应出现在距今5 000年前。

自周秦以后，牛耕有了进一步的发展。孔子的弟子冉耕，字伯牛；司马耕，字子牛。这两人的名号均与"耕牛"相呼应。这说明在春秋时代，用牛耕地已经相当普及。汉魏以来，有不少关于牛耕的壁画和文物出土。比如，徐州就出土了二牛合犋耕地的汉画石刻。在西汉时期，为了使牲畜迅速繁殖，当时的法令禁止杀牛，并规定杀牛、盗牛者要受到极重的惩罚。在汉武帝时期，牛的数量显著增加，这说明牛耕已经变得更加普及了。

魏晋时期，嘉峪关古墓出土的牛耕图，既有二牛合犋，又有单套牛耕。唐代李寿墓壁的几幅牛耕图则描绘得更为逼真，比敦煌壁画的牛耕图更加生动完美。由此可见，在我国东、西、南、北广阔的大地上，在唐代以前，牛耕的发展几乎与近代所见相同，其耕牛的体形也与今日的耕牛相差无多。

（三）以牛挽车运输

在新石器时代（距今 6 000～7 000 年前），牛已被驯养为家畜，大约在 5 000 年前，牛已经成为役畜。牛车是几千年来华夏平原地区最古老的交通运输工具之一。据估计，牛车可能比马车的历史还要久远许多。

据《世本·氏姓》记载："赅作服牛。""赅"就是指黄帝时代的兽医或说是少昊时代发明牛驾的人。《通典·王礼典》说得更肯定："黄帝作车，至少昊始加（即驾）牛。"少昊是尧的祖先，而黄帝和少昊都是五帝时代的帝王。这说明造车和牛驾都是发生在公元前 26 世纪初到公元前 22 世纪末的事。

自秦汉以后，牛车变得更为普遍。据《史记·平准书》记载："汉兴，接秦之弊，丈夫从军旅，旋弱转粮饷，作业剧而财匮，自天子不能具钧驷，而将相或乘牛车。""钧"是古时下级对上级或尊长的敬辞，"驷"是指套着四匹马的车，又指同驾一辆车的四匹马。这是说汉朝时，朝廷里上自天子都不能经常坐马车，至于文武大臣就只能乘坐牛车了。这说明西汉时牛车已成为非常重要的交通工具。

然而，历代诗人专门写牛拉车的诗却很少。唐代诗人白居易的《卖炭翁》中有对于牛拉车的描写："晓驾炭车碾冰辙，牛困人饥日已高。"由此不难看出，卖炭翁是用牛拉着车去卖炭的。

（四）以牛用于军事活动

据史料记载，牛在古代战争中也曾发挥过重要的作用。《春秋纬》称："宫中有牛鸣，政教衰，诸侯相并。牛兵之符也。"古代战阵上是牛马并用的，用牛来驾车，并不比马逊色，所谓牛鸣是兵符之动的象征。据《书经》记载："武成王来自商，至于丰。乃偃武修文，归马于华山之阴，放牛于桃李之野，示天下勿服。"这表明在战争中既骑马又骑牛。据《史记·秦本纪》记述，春秋时期秦欲攻郑，郑国商人曾以十二头牛为礼品，来犒劳秦国军队，从而制止了一场秦军攻打郑国的战争。

还有史料记载，战国时期的齐国人田单，曾以千余头牛布阵，在牛角上绑上利刃尖刀，又把浸满油脂的芦苇束拴在牛尾巴上，并利用计谋麻痹燕军后，在夜晚点燃牛尾巴上的油脂芦苇，使牛直冲燕军阵营，齐军乘势追杀，燕军大乱，其主帅骑劫被杀，齐国失地悉数光复。这就是历史上著名的"火牛阵"。唐朝诗人李峤在其题为《牛》的诗中就有"燕阵早横功"一语，指的就是田单的"火牛阵"。

西汉末年，南阳刘秀兄弟起兵反抗王莽的新野之战中，他率部骑牛在前冲锋，一举攻进新野，杀了县尉，牛在战争中立下了大功。古代咏牛诗所描写的牛战，大多都是以巧妙用牛的方式来取得胜利的。由此可见，牛在古代战争中起着重要的作用。

牛在近代战争中，依然可以充当重要的运输工具，用来运送军需辎重，而且在历次的战争中都得到了充分的表现。

（五）以牛充当代步工具

牛作为交通代步工具，古代曾盛行过一个时期，但文字记载不多见。有一个例子可佐证这段历史。据传说，中华道教创始人——李耳（老子），曾隐居在八百里伏牛山大峡谷中修炼，并感悟出了《道德经》的思想精髓，而后骑牛西出函谷关，客宿途中写下了洋洋五千言的《道德经》。这部《道德经》，已经成为中国古代文化的瑰宝，也使全世界人类思想宝库变得更加丰富多彩。由此可见，牛在古代曾起过交通代步工具的作用。

（六）用于"斗牛"的娱乐活动

在汉代斗虎、斗熊的文字记载有不少，特别是有不少养虎斗虎的文字记载。而古书中并没有多少关于"斗牛"的记载。但是在南阳汉画石馆中，就收藏有"斗牛"的石刻画像，这也成为关于"斗牛"的图像（石刻画像）历史记载。"斗牛"的石刻画像中，一头硕大强健的牛隆脊奋蹄，小腹紧收，颈项肌肉紧绷，锐利的双角抵向一个壮汉。而那壮汉一身短打扮，袒胸、头上梳着发髻，面对狂躁骚动的牛，他弓步推掌，扭腰发力，动作迅速稳健，充满自信，以掌倾力一击，则后发制"牛"。

南阳汉画石馆中，还有一幅汉画石表现了被斗败的牛，其凶气全无、落荒而逃。而斗牛者则稳稳站立，显示出一副胜利者的雄健姿态。这说明在汉代，南阳地区已经把牛用于"斗牛"活动，而且是以人徒手与牛斗。因此可以推断，在1 800多年前的汉代，牛的功用已经进一步扩大到了"斗牛"这种文化娱乐的范畴之中。

四、驯化野牛用于牛耕的民间传说

（一）仡佬族人驯化野牛的民间传说

在我国的仡佬族，流传着一则父女两人前赴后继驯化野牛的传说。

相传在很久以前，仡佬族人种地靠的是锄头，干活很辛苦，收获的粮食也不多。有一位叫罗义的英雄，见山上的野牛力气大，就捕了一头母野牛用来犁地。但是，他还没有把牛驯好就去世了。这驯牛之事就由他的女儿罗英承担了下来。

开始，野牛根本不听罗英的使唤。有一天，正是立冬日，罗英赶牛刚下田不久，牛便撒野挣断了绳子，向山上跑去。罗英急得要命，只好顺着牛蹄印去寻找，一直走到天黑，才听到牛的叫声。原来是野牛的后腿被石头缝夹住了，痛得直流眼泪。罗英见状，想把牛拉出来，但是拉不动，想把石头搬开一点，但是也搬不动。

实在没有办法，她只能给牛喂些青草，并陪着野牛唱起了山歌：

> 我对牛儿把歌唱，
> 野牛听我诉衷肠。
> 山下田地像花朵，
> 片片泥土吐芬芳！
> 野牛啊，
> 请你帮忙来耕种，
> 五谷赛过百花香！
> 呀嗬吼！
> 尖石划破我脚板，
> 刺藤钩破我衣裳，
> 手给牛儿捧青草，
> 口唱山歌情意长！

野牛啊，

莫撒野，

要学勤劳和善良。

呀嗬吼！

唱着唱着，奇迹出现了。石缝裂开了，野牛从石缝里走出来，从此性格变得十分温驯。野牛为了感谢罗英的救命之恩，开始帮助人拉犁拖耙、耕田种地了。

当地人为了纪念罗义和罗英父女的功绩，每逢闰年十月的立冬日，便会聚会歌唱，由此形成了仡佬族的依饭书。现在，每到节日之前，人们就选出最丰满、最长的糯稻谷穗，用彩带系起来，挂在歌房的墙壁上。在堂屋中间的大桌上摆满大大小小的用芋头和红薯做身子、用香梗作腿的牛模型；中间还要放一盘五色糯米饭，周围摆设甜酒、芝麻、黄豆、花生、胡椒、砂姜、八角等十二种香料食品，以示五谷丰登、六畜兴旺。大家请来唱师，载歌载舞，一会儿鞭赶"牛群"，一会儿托着五色糯米饭围桌跳舞。从立冬之日的清晨开始，一直欢腾到第二天天亮才结束。最后，还要把谷穗和牛模型分给各家各户带走。

（二）壮族人驯养野牛的民间传说

在壮族民间也有相似的传说。比如，聚居在粤北的壮族同胞，每年的四月初八会举行"牛王诞"的纪念活动。关于这个节日的来历，民间有两种传说。一说是壮族的祖先在一次打猎中捕获了一头野牛，回来后经过精心驯养，使它变成了家牛。在某一年的四月初八，这头牛生下了一头小牛犊，这头小牛犊头大角尖，膘圆体壮，长大以后繁衍了许多后代，并代替人们拉犁劳作。从此，壮族人便把这头牛祖的生日称为"牛王诞"。另一说法是，古时候有一位天神，叫莫一大王，他看见人间没有牛，人们耕田犁地很辛苦，就用黄泥捏了许多黄牛，又用黑泥捏了许多黑水牛。他把这些泥牛放在草坪上，打了九十九天的露水，又给它们吃了九十九天的"五色饭"，结果这些泥牛就活了起来，变成了真正的牛，给人们耕田犁地。泥牛转活的那天，正好是四月初八，于是就有了"牛王诞"，每到四月初八这天人们就要给牛吃"五色饭"。

每逢"牛王诞",人们都要在牛栏门口贴上红纸,并插上柳树枝、枫树枝、柚子树枝或桃树枝,还要在牛角挂上红绸、牛头戴上红纸花,以示吉祥和对牛的敬意。同时,人们还在牛栏门口,供奉酒肉、烧香点烛,祭拜牛神。然后,按照各自耕牛的毛色,分别用枫树叶或黄鸡子(山枝)榨汁浸米,蒸黑色或黄色的糯米饭来喂牛。喂牛时,还要用香茅草、嫩竹叶、芒草叶等裹着糯米饭喂给牛吃。人们则对着牛吹木叶、吹笛子、唱赞牛歌:"牛啊牛,终年劳累忙不休,斟杯美酒敬给你,谢你为我夺丰收。"食毕唱毕,还要让家里的小孩子牵着牛上山去玩耍一阵。

第二章
获得农产品地理标志认证的牛和牛产品

农产品地理标志是指标示农产品来源于特定地域，农产品品质和相关特征主要取决于自然生态环境和历史人文因素，并以地域名称冠名的特有农产品标志。所称的农产品是指来源于农业的初级产品或初级加工品，即在农业活动中获得的植物、动物、微生物及其产品。

我国对农产品地理标志实行登记制度。经登记认证的农产品地理标志受到法律的保护。农业农村部负责全国农产品地理标志的登记认证工作，农业农村部农产品质量安全中心直接负责我国农产品地理标志的登记认证和专家审核等工作。

2007年12月6日，农业部第15次常务会议审议通过并发布了《农产品地理标志管理办法》，这一办法指出，农业部负责《农产品地理标志管理办法》的实施，并确定这一办法于2008年2月1日起施行。《农产品地理标志管理办法》就是我国落实农产品地理标志认证的基本依据。

经过全国各地多年的持续努力，获得农产品地理标志认证的牛和牛产品已经有近50项，其中包括黄牛、牦牛、水牛以及牛肉和牛乳产品。

一、获得农产品地理标志认证的黄牛

中国黄牛是包括北方的无峰牛和南方的高峰牛在内的地方牛种的统称。黄牛是具有中国特色的家畜资源，由于中国地域辽阔使得黄牛的生长环境千差万别，也由此形成了各地多样的地方特色品种。中国黄牛一般被分为北方黄牛、中原黄牛和南方黄牛 3 大类。秦川牛、南阳牛、鲁西黄牛、晋南牛、延边牛这 5 个品种，被公认为是中国黄牛的代表性品种。这些品种均具有耐粗饲、抗逆性强、肉质细嫩等优点。虽然也普遍存在着生长速度慢、体形发育不够理想、胴体产肉少、优质牛肉切块率低等缺点，但这些地方黄牛品种却是培育中国特色优质肉牛品种不可或缺的种质资源。

黄牛作为中国传统的"六畜"之一，对于农耕文明的贡献和对于中华民族的发展起过举足轻重的作用。我国是世界上黄牛品种最多的国家，现有 72 个黄牛品种。其中，52 个是国内地方黄牛品种，7 个是自主培育品种，13 个是国外引进品种。中国黄牛在过去的数千年间，经历了从肉用（祭祀、吃肉）到役用（耕田、运货）的历史选育过程，又在最近三十多年间经历了从以役用为主到以肉用为主的新一轮选育过程。目前，我国的肉牛产业已形成了东北、中原、西北、西南 4 大肉牛优势产区。在我国农产品地理标志认证名录中，包括了全国各地的 19 个黄牛品种。

（一）内蒙古科尔沁牛

内蒙古通辽市的科尔沁牛，属于乳肉兼用型品种，因主产于内蒙古东部的科尔沁草原而得名。科尔沁牛是以西门塔尔牛为父本，蒙古牛、三河牛以及蒙古牛的杂种母牛为母本，采用育成杂交方法培育而成的品种。这一品种于 1990 年通过品种鉴定，并由内蒙古自治区人民政府正式验收并命名为"科尔沁牛"（图 2-1）。

图 2-1 科尔沁牛

科尔沁牛被毛为黄白花或红白花，头白色，体格粗壮，体质结实，结构匀称，胸宽深，背腰平直，四肢端正。母牛后躯及乳房发育良好，乳头分布均匀。成年公牛体重为 991 千克，成年母牛体重为 508 千克。科尔沁牛适应性强、耐粗饲、耐寒、抗病力强、易于放牧，是牧区比较理想的一种乳肉兼用型牛品种。

科尔沁牛的犊牛初生重为 38.1～41.7 千克。在舍饲条件下，母牛 280 天产奶 3 200 千克，乳脂率为 4.17%。在自然放牧条件下，母牛 120 天产奶 1 256 千克。科尔沁牛在常年放牧加短期补饲条件下，18 月龄屠宰率为 53.3%，净肉率为 41.9%。如经过短期育肥，其屠宰率可达 61.7%，净肉率可达 51.9%。

（二）内蒙古三河牛

内蒙古三河牛原产于内蒙古呼伦贝尔市的三河地区，因起源于呼伦贝尔额尔古纳市三河（根河、得尔布河、哈乌尔河）地区而得名。1954 年，在呼伦贝尔大草原上相继成立了以养育三河牛为主的国营牧场，并将当地牛中的一部分以地区取名，称为三河牛。经过多年有计划的系统选育，逐步形成了一个体大结实、耐寒、耐粗饲、适应力强、乳脂率高、乳肉兼用性能好、体形趋于一致、遗传性能稳定、具有一定生产潜力的新品种。在 1986 年，经内蒙古自治区人民政府批准，正式命名三河牛为"内蒙古三河牛"（图 2-2）。

图 2-2 内蒙古三河牛

内蒙古三河牛是我国培育的第一个乳肉兼用型牛品种（母牛产奶、公牛育肥）。三河牛适应性强、耐粗饲、耐高寒、抗病力强、宜放牧、乳脂率高、遗传性能稳定。内蒙古三河牛属于体格紧凑型牛，为乳肉兼用型牛，毛色以红白花为主，其次为黑白花。体躯高大，体质结实匀称，头部清秀，头颈结合良好，肩宽、胸深、肋骨开张好，背腰平直，体躯较长，四肢结实，蹄质坚实。基础母牛平均产奶量 5 106 千克，平均乳脂率可达4.06％，干物质含量为 12.90％。公牛产肉性能良好，18 月龄以上的公牛、阉牛经过短期育肥以后，屠宰率为 55％，净肉率为 45％，且肉质细、脂肪少，大理石纹明显，色泽鲜红，鲜嫩可口，其肉品有较高的营养价值。

（三）内蒙古乌审草原红牛

内蒙古自治区鄂尔多斯市乌审旗的乌审草原红牛，其产地位于乌审旗的毛乌素沙地和草原，是以乳肉兼用的短角公牛与蒙古母牛长期杂交育成的。乌审草原红牛是内蒙古、吉林、河北、辽宁四省（区）协作，以引进的兼用短角公牛为父本，以我国草原地区饲养的蒙古母牛为母本，历经杂交改良、横交固定和自群繁育三个阶段，在放牧饲养条件下育成的兼用型新品种，具有适应性强，耐粗饲的特点（图 2-3）。

图 2-3　乌审草原红牛

乌审草原红牛夏季完全依靠草原放牧饲养，冬季不补饲，仅依靠采食枯草即可维持生活。对严寒酷热气候的耐力很强，抗病力强，发病率低。其肉质鲜美细嫩，为烹制佳肴的上乘原料。其皮可制革，其毛可织毯。

乌审草原红牛被毛为枣红色或红色，部分牛的腹下或乳房有小片白斑。体格中等，头较轻，大多数有角，角多伸向前外方，呈倒八字形，略向内弯曲。颈肩结合良好，胸宽深，背腰平直，四肢端正，蹄质结实。

（四）辽宁辽育白牛

辽育白牛产自我国辽宁省。在 20 世纪 70 年代，随着我国农业机械化程度的逐步提高，人们对牛的役用价值需求呈现下降的趋势，而对牛的肉用需求则迅速增长。在这一背景下，辽宁省通过引进法国大型肉用牛品种夏洛莱，与本地黄牛进行级进杂交，历经 40 年培育，终于育成了辽宁第一个（全国第三个）专门化肉用牛品种——辽育白牛（图 2-4）。

图 2-4　辽育白牛

辽育白牛具有生长速度快、饲料报酬高、产肉多、耐粗饲、抗逆性强、肉质好、繁殖力强等优点，已经成为辽宁广大农牧民畜牧饲养的主要品种。辽育白牛全产业链开发格局已经基本形成，辽育白牛的产业链拉动作用也在持续增强。

（五）黑龙江穆棱肉牛

穆棱肉牛产自黑龙江省牡丹江地区的穆棱市。穆棱肉牛是以西门塔尔公牛为父本，以当地地方品种母牛为母本，繁育出的肉用商品牛。穆棱肉牛分布于穆棱市辖区内。穆棱肉牛毛色为黄色或黄白花，头较长，面宽，胸部宽深，角较细而向外上方弯曲，尖端稍向上；颈长中等；体躯长，呈圆筒状，肌肉丰满；前躯较后躯发育好，胸深，尻宽平，四肢结实，大腿肌肉发达（图2-5）。

图2-5　穆棱肉牛

　　成年公牛体重为500～700千克，成年母牛体重为400～600千克。穆棱肉牛饲喂的饲草以紫花苜蓿为主，一般饲喂2.0～3.5年出栏。其产肉性能良好，产肉率较高，肌纤维细，牛肉横切面大理石花纹分布均匀，肉色为樱桃红色，牛肉滋润光亮、肉质细嫩、纹丝紧密，烹调后味道鲜美，香味浓厚，品质极佳。

（六）山东鲁西黄牛

　　鲁西黄牛产自山东省济宁市梁山县。鲁西黄牛是农业部第一批列入国家级畜禽遗传资源保护名录的优良地方品种，主要分布在山东的梁山、嘉祥、汶上、郓城、成武等县，由于其适应性较强，目前已经发展到聊城、德州等地（图2-6）。

　　鲁西黄牛的毛色较为一致，从浅黄到棕红色，以黄色为最多，一般前躯毛色较后躯深，公牛毛色较母牛的深。多数牛的眼圈、口轮、腹下和四肢内侧毛色浅淡，俗称"三粉特征"。鼻镜多为淡肉色，部分牛鼻镜有黑斑或黑点。角色蜡黄或琥珀色。体形结构分为三类：高辕牛、抓地虎和中间型。在体形外貌上，鲁西黄牛体躯结构匀称，细致紧凑。

　　鲁西黄牛在历史上是役肉兼用型牛，由于农业机械化程度的不断提高，现在已经完全转变为肉用型牛。鲁西黄牛肉质鲜嫩、呈大理石花纹、樱桃

图 2-6　鲁西黄牛

红颜色，在我国五大地方牛种中，最具发展成高档牛肉产业的潜质。鲁西黄牛体躯高大，公牛体重可达 800～1 200 千克，高度 170～190 厘米；母牛体重可达 350～500 千克，高度 150～165 厘米。鲁西黄牛屠宰率为 54%，出肉率一般为 42%。育肥牛生长速度较快，普通育肥牛 18 月龄即可出栏。

（七）山东无棣黑牛

无棣黑牛产自山东省滨州市的无棣县。无棣黑牛又称"渤海黑牛"，俗称"抓地虎黑牛"，1983 年被列入《全国畜禽品种志》，为中国黄牛育种委员会 1986 年确定的"全国八大名牛"之一。其中核心产区位于渤海西岸的无棣县，故被称为"无棣黑牛"（图 2-7）。

图 2-7　无棣黑牛

无棣黑牛耐粗饲，抗病力强，遗传性能稳定，属役肉兼用型牛。黑牛的被毛、蹄角、鼻镜呈黑色，有光泽；其骨架结构匀称，低身广躯，后躯发达。无棣黑牛的成年公牛体高一般在 133 厘米左右，体重在 460 千克左右；母牛体高一般在 120 厘米左右，体重在 360 千克左右。无棣黑牛平均屠宰率为 53.13%，净肉率为 44.72%，胴体产肉率为 84.13%。由于无棣黑牛产肉性能良好，净肉率较高，肉质良好，因此被定为供港牛肉，并在香港市场享有"黑金刚"之誉。

山东省滨州市无棣县，建有国家级渤海黑牛保种场，存栏无棣黑牛820 头。无棣全县的无棣黑牛存栏达到近 3 万头，并在碣石山、埕口、柳堡等镇建立了国家级无棣黑牛保护区。全县无棣黑牛繁育基地达 40 个。山东省无棣县的黑牛产业链条不断延长，已经实现了繁育、饲料、育肥、屠宰加工、销售、餐饮服务的全产业链发展。

（八）甘肃庆阳早胜牛

早胜牛产自甘肃省庆阳市。甘肃省庆阳市宁县的"早胜塬"是一个以农耕文化为主的地区，由于农业耕作的需要，当地百姓有着悠久的养牛历史。据史书记载，北魏孝文帝元宏太和十四年（468），庆阳市早胜塬就在与陕西交界处设立了传统的牲畜交易场所，并由此引入了秦川牛、蒙古牛与当地牛不断交互杂配，形成了能适应当地自然环境条件的牛品种。经过长期混交繁殖和当地民众的精心选育，逐渐形成了体力强大的早胜牛，并被宁县及周边地区的正宁、西峰、镇原的农户广为饲养（图 2-8）。

图 2-8　庆阳早胜牛

20世纪50—70年代，西北畜牧兽医研究所与当地农牧部门对早胜牛进行了选育，这对早胜牛品种的形成起到了决定性作用。1971—1980年，早胜源产区向外提供种牛近千头，为改良全省小型本地黄牛起到了较明显促进作用。在1983年，早胜牛被列入《甘肃省畜禽品种志》。

在进入20世纪90年代以后，由于农业机械的广泛使用，庆阳市早胜牛役用的需求下降了。随着人们生活水平的提高，对牛肉的消费量增大，加之早胜牛肉品质优良，于是早胜牛就逐渐从役用型向肉用型转变。

自2002年以来，庆阳市宁县把早胜牛产业作为发展地方经济的三大支柱产业之首，成立了早胜牛产业领导小组，提出了"乡乡设牛市，村村办牛场，户户建牛舍，漫山遍野种草，千家万户养牛，龙头企业带动，精深加工增值"的新发展思路，这使得早胜牛产业得到了快速发展。

（九）湖北黄陂黄牛

黄陂黄牛产自湖北省武汉市黄陂区。黄陂黄牛是我国地方优良品种，是在大别山区特定的生态条件下形成的牛种，特点是耐粗耐劳、性情温顺、体形中等，为役肉兼用品种。其适应性强，产肉性能较好。在传统农耕中，黄陂黄牛行动敏捷，体形适中，适合于水田和旱田耕作。由于当地田块小，所以农户多饲养黄牛耕作，并逐渐形成了黄牛的集中产区和黄陂黄牛的集中产地（图2-9）。

图2-9　黄陂黄牛

黄陂黄牛主产于武汉市黄陂区北部的低山丘陵地区。黄陂黄牛的中心产地海拔高度一般在 50～630 米，少数山峰可高达 700～800 米。

黄陂黄牛是我国地方优良品种，是在大别山地区特定的生态条件下形成的役肉兼用型品种，其适应性强，产肉性能较好，产品独具地方特色。黄陂黄牛的牛肉肉质好，味道鲜美，营养价值比较高。武汉市黄陂区一直致力于黄陂黄牛的种质资源保护和品种提纯复壮工作，已经建立了黄陂黄牛种质资源保护区和良种繁育体系。

（十）湖南湘西黄牛

湘西黄牛产自湖南省湘西土家族苗族自治州。湘西黄牛的形成与当地自然生态环境和社会经济条件以及人工选择的影响密切相关。当地的主要居民土家族、苗族都视耕牛为农家宝。

新中国成立后，湘西自治州人民政府长期执行保护耕牛、鼓励繁殖耕牛的政策，有效地促进了当地农业发展。当地农民长期注重黄牛选种选育，并积累了丰富的选牛经验。选择湘西黄牛的整体要求是："黄红毛衣闪金光，粉嘴画眉白漂裆，团头鼓眶荷包嘴，扇子耳朵龙门角""前山峰高超后山，膛宽肋密肚大圆"。选留母牛的要求："尾长根粗能遮羞，十胎牛儿九不丢"；选留公牛的要求："公牛垂肚难逞雄""留牛崽看牛娘，好母还靠访牛郎"。对生产性能则认为牛"脚高躯长内膘好，膛宽股圆出肉多"。湘西农谚中还有诸如"后印盖前印，犁田才有劲""额宽口叉深，吃草不刁精"等（图 2-10）。经过长期的选育，湘西黄牛已成为体壮灵活、善于爬坡，耕田力气大，使役突发力强，耐粗饲、抗逆性强的优良地方品种。

湘西黄牛性情温驯，耐粗饲，耐热，体形中等，发育匀称，前躯略高，肌肉发达，骨骼结实，肩峰高，头短小，额宽阔，角形不一，颈细长，颈垂大，胸部发达，背腰平直，腰臀肌肉发达，尾长而细，四肢筋腱明显、强壮有力。其毛色一般以黄色、褐色为主。成年公牛平均体重为 334.3 千克，母牛为 240.2 千克，屠宰率为 39%～54.4%，净肉率为 46.87%。

（十一）广西南丹黄牛

南丹黄牛产自广西壮族自治区河池市南丹县。南丹黄牛与隆林黄牛、

图 2-10　湘西黄牛

涠洲黄牛，被并称为广西三大黄牛，是广西地方黄牛优良品种的代表，是在特定的历史、自然、社会、经济条件下形成黄牛品种。其肉质细嫩、风味鲜美，骨骼细，屠宰率和净肉率相对较高，抗病能力强，是优良的地方品种（图 2-11）。

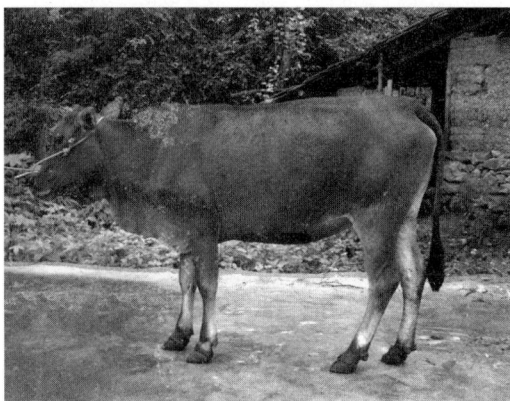

图 2-11　南丹黄牛

1976 年，广西南丹县进行了南丹黄牛的品种选育试验工作。1982 年，由广西壮族自治区水产畜牧局编制了南丹黄牛标准，在 1987 年南丹黄牛正式列入《广西家畜家禽品种志》。

南丹黄牛全身被毛多为黄色或枣红色，少数个体为褐色或黑色，有背线，角、鼻镜、蹄、尾帚多呈黑色，少数为肉色，并具有一致性。角型多为竹笋型或鹰爪型，公牛角略长，母牛角短小。南丹黄牛体形细致紧凑，结构匀称，体格粗壮，前躯较发达，公牛头宽雄壮，母牛头清秀，额宽平，眼大，明亮有神。公牛颈粗短，母牛颈细长，颈垂发达。

南丹黄牛一般 24 月龄屠宰，宰后去皮，肉色为鲜红色，具有牛肉固有的色泽及气味，无膻味，皮薄，脂肪少，肉质细嫩而富有弹性，营养丰富，味道鲜美。

（十二）广西隆林黄牛

隆林黄牛产自广西壮族自治区百色市的隆林各族自治县。隆林黄牛是在广西当地少数民族传统文化熏陶下，经过长期自然选择而形成的地方黄牛品种。据《西隆州志》记载，自清康熙五年就有隆林黄牛开始饲养。在1987 年，隆林黄牛被列入《广西家畜家禽品种志》；在 2004 年，被收录到《中国畜牧业名优产品荟萃》（图 2 - 12）。

图 2 - 12　隆林黄牛

隆林黄牛的形态具有地方特色，其适应性强，耐粗饲，遗传及生产性能稳定。隆林黄牛被毛短，多为黄毛，次为浅褐、红毛和黑毛。其体形中等近似长方形，结构匀称，四肢强健，头长短适中，耳平伸，耳壳薄，耳端尖。公牛角粗短，向外向上，大部分为玲珑角；母牛角比较细短。隆林黄牛前躯稍高于后躯，公牛鬐甲较高，肩峰高大而斜，母牛肩峰较矮。

隆林黄牛四肢粗壮，肌肉结实，肌腱发达，关节明显，后肢前踏，飞节内靠，蹄质细密坚实呈黑色。隆林黄牛 24 月龄屠宰，宰后去皮，肉色为红色，具有牛肉固有的色泽及气味，皮薄，脂肪少，肉质细嫩，无膻味。隆林黄牛肉质细嫩而有弹性，营养丰富，味道鲜美，屠宰率较高，胴体中肌肉比例较大。

（十三）广西涠洲黄牛

涠洲黄牛产自广西壮族自治区北海市的涠洲岛和斜阳岛。涠洲黄牛属于广西的地方优良品种，其中心产区是广西北海市的涠洲和斜阳两岛，在合浦县和北海市郊区也有一些分布。涠洲岛是我国最年轻的一个火山岛，涠洲黄牛的形成与该岛的自然条件和当地民众长期的选育有着密切的关系。涠洲岛开发始于一百多年前，居民多从雷州半岛和合浦县迁入，耕牛也随着移民带入该岛，涠洲黄牛来自于雷州半岛及合浦县一带，是经过长期自然选择和人工选择而形成的（图 2-13）。

图 2-13　涠洲黄牛

涠洲黄牛具有体形饱满、耐热、耐粗饲的特点，其性情温驯，适应性强，繁殖率与育成率都高。因此，牛群发展较快，其膘性好，屠宰率高，肉质也很好。涠洲黄牛早熟，前期生长发育较快，公牛在 11～12 月龄、母牛在 10～11 月龄就达到性成熟。岛上盛产银合欢，这是涠洲黄牛在当地的独特食物。因其瘤胃中存在降解有毒物质 DHP 的细菌，因而涠洲黄牛可以安全地食用银合欢，而且还偏爱食用银合欢。

（十四）贵州关岭黄牛

关岭黄牛产自贵州省安顺市关岭布依族苗族自治县。关岭黄牛（又称关岭牛），原产于南北盘江流域的滇、黔、桂接壤的广大山区。关岭黄牛具有较好的挽力和持久力，能水旱兼作，尤适应陡坡梯田的耕作和劳役。关岭黄牛具有山地黄牛的体态特征和较好的役用和肉用性能（图2-14）。

图2-14　关岭黄牛

关岭黄牛善于爬高山、行陡坡，同时也对复杂的气候条件有良好的适应性。它在当地数量多，流向广，影响较大。但因产区自然条件的差异，以及各地饲养管理水平不一，这一牛群品质尚欠整齐，群体与个体之间均有不同程度的差异。

关岭黄牛以其"五高一低"的特点，即繁殖率高、屠宰率高、出肉率高、氨基酸含量高、蛋白质含量高、脂肪含量低而著称。加之关岭黄牛所处的独特生长环境，塑造了其优质肉牛品牌的形象。关岭黄牛屠宰率达到58%，净肉率达到50%。关岭黄牛肉质鲜美，地方风味浓郁。

关岭黄牛额平或有微凹，角形多种多样，有上生、侧生、前生几种，角较短。公牛肩峰明显，峰高于背线约8~15厘米，母牛肩峰一般仅略高出于背线2~3厘米。垂皮较长，自下颌延至前胸部，宽度可达15厘米。胸较深而略窄，尻部倾斜。前肢正直，后肢飞节多内靠，四肢关节筋腱明显，蹄质致密坚固。关岭黄牛皮薄而致密，毛细软，黄色居多，其次为褐色和黑色。从整体来看，其体形似有偏细致和偏粗壮的两种类型。

（十五）云南文山黄牛

文山黄牛（又名文山高峰黄牛），产自云南省文山壮族苗族自治州，1987 年被列入《云南省家畜家禽品种志》，属役肉兼用型黄牛。文山黄牛体躯结实，肌肉发达，力大耐劳，繁殖力强，且性情温顺、易调教、耐粗饲，对湿热及寒冷条件均有较好的适应能力。文山黄牛主要分布在广南、富宁、砚山、邱北等八个县（图 2 - 15）。

图 2 - 15 文山黄牛

文山黄牛头大而长，额宽平，鼻镜粉红色、黑色或粉红色有黑斑。有角，呈倒八字形、龙门形、玲珑角、大圆环、小圆环等形状。其颈粗短发达，垂皮较长，自下颌延至胸前，有弹性，皱褶不明显。公牛有突出的肩峰，位于颈后和鬐甲前半部，由结缔组织、肌肉和皮下脂肪形成，一般高8～15 厘米，峰顶较厚。肩胛高，肩胛骨较长，胸垂小，无脐垂。体躯圆长，前躯发达，背长腰短平直，尻部稍平，后躯发育良好。

文山黄牛四肢结实有力，蹄小而坚实，角蹄蜡色，无"白袜子"。其被毛短而细密，有光泽，毛色以黄色较多，黑色次之，亦有少量褐色、草白色等。各类毛色均上深下浅。文山黄牛肉质鲜美细嫩，膻味轻，质地柔软，营养丰富。

（十六）甘肃张家川红花牛

甘肃省天水市张家川回族自治县是甘肃东南部唯一的少数民族自治县和回族聚居区。当地陇山巍峨，峻岭重叠，有大片宜牧草山和草场，放牧草地面积达到3.6万公顷，野生牧草有154种，饲草年产量可达1.4亿千克，理论载畜量（折合牛单位）为9.17万头，具备发展草食畜牧业得天独厚的条件。

早在1981年，全县就实施了黄牛改良计划。30多年来，通过采用西门塔尔肉牛与当地秦川黄牛进行杂交，形成了种群稳定的地方品种——张家川红花牛。营养价值较高的饲料作物蚕豆、箭舌豌豆和紫花苜蓿在全县均有较大面积的种植，这为发展草食畜牧业提供了良好的条件。当地丰富的农作物秸秆，也为"张家川红花牛"的养殖提供了基础条件（图2-16）。

图2-16　张家川红花牛

当地群众有着经营畜牧业的悠久传统，并在保护草原、饲草饲料综合利用、畜种改良、疫病防治、接犊育幼、饲养管理等方面，都积累了丰富的经验。为了探索优质高效的肉牛生产繁殖模式，引导当地养牛业向品牌化、规模化、标准化方向发展，人们摸索出了独具特色的"张家川红花牛"繁育生产模式，并建成了"张家川红花牛"繁育核心群。张家川红花牛体形好，耐粗饲，生产性能高，牛肉肉质优。

（十七）青海民和肉牛

民和肉牛产自青海省海东市民和回族土族自治县。民和县养牛历史悠久，经过漫长的历史发展，当地牛的质量也有了很大的提高。民和肉牛体形身宽高大、结构匀称，体质结实、体格粗壮，体躯呈圆筒状，多为红白花或黄白花，角为蜡白色，四肢健壮有力，具有六白特征。眼大而有神，头颈结合良好，颈下垂发达，肩背腰平直，粗壮结实（图2-17）。

图2-17　民和肉牛

（十八）新疆呼图壁奶牛

呼图壁奶牛登记保护区域为新疆维吾尔自治区昌吉州呼图壁县。1955年，经新疆维吾尔自治区人民政府批准，在呼图壁县建立了呼图壁奶牛场，1982年更名为呼图壁种牛场，是新疆最大的奶源基地，被农业部授予"国家级重点种畜场"称号。经过多年精心培育的中国荷斯坦奶牛，已经连续二十年获得全国奶牛高产一等奖，并创全国奶牛高产冠军纪录。

历经50多年的发展，奶业已成为当地农业和农村经济发展的重要支柱产业。呼图壁县先后被农业部授予"秸秆养牛示范县""欧盟奶业项目示范区""全国牛奶生产强县""全国奶业加工创业基地"和"自治区畜牧业产业化示范县"等荣誉称号。

图 2-18　呼图壁奶牛

（十九）中国五大良种黄牛

我国以农立国，具有悠久的养牛历史，牛种资源十分丰富。地方黄牛是我国的特色资源，黄牛具有耐粗饲、抗逆性好、肉质较佳等优点。目前《中国畜禽遗传资源志—牛志》中共收录了92个地方牛品种，其中黄牛品种53个。在这53个黄牛品种中，役肉性能良好的品种有5个，被称为我国的"五大良种黄牛"，即秦川牛、南阳牛、鲁西黄牛、晋南牛和延边牛。

我国的五大良种黄牛原本都是以役用为主，但是随着农业机械化水平的不断提高，这些原产于中国的良种黄牛也逐渐由役用为主转变为肉用为主。在我国当今的肉牛饲养中，黄牛的饲养非常普遍，几乎遍布全国的所有省区市，黄牛饲养数量也是最多的。

在我国的五大良种黄牛中，除了"鲁西黄牛"已经获得农产品地理标志认证之外，其他的秦川牛、南阳牛、晋南牛和延边牛均未列入我国农产品地理标志认证名录。在此，对秦川牛、南阳牛、晋南牛和延边牛做一简要介绍。

1. 秦川牛

秦川牛因产自号称"八百里秦川"的陕西关中平原而得名，原本是关中平原一带著名的役肉兼用牛，现在是独具地方特色的肉用良种黄牛（图 2-19）。

图 2-19　秦川牛

秦川牛的适应性强，耐粗饲，易养易肥，既可放牧，又可舍饲。其采食性能良好，消化能力强，无论采食粗饲料还是精饲料，均能较好地生长发育，适合于在我国北方农区饲养。秦川牛体格健美，高大硕壮。公牛平均体高为 142 厘米，体重 595 千克；母牛体高 125 厘米，体重 381 千克。体格结构匀称，皮薄毛细，被毛为紫红色。

秦川牛肉用性能好，成熟早，增重快，其屠宰率、瘦肉率、骨肉比等指标均较高。在中等饲养条件下，6～18 月龄阉牛日增重可达 0.7 千克，18 月龄屠宰体重一般可达 400 千克。其肉质细嫩，柔软多汁，色泽鲜红，具大理石纹。牛肉富含蛋白质和多种氨基酸，脂肪含量低。

2. 南阳牛

南阳牛是中国著名的大型役用黄牛品种，原产于河南省南阳地区。其中心产区在河南省白河和唐河流域的广大平原地区。南阳牛主要分布于南阳市郊、唐河、邓州、社旗、新野、方城和驻马店地区的泌阳等地。随着农业机械化的普及，南阳牛也逐渐转变了培育方向，变成了以肉用为主的地方良种黄牛（图 2-20）。

南阳牛体形高大，皮薄毛细，肌肉发达，肩峰较高，肩部宽厚，胸骨突出，背腰平直，肢势正直，蹄形圆大，行动敏捷。公牛头部方正雄壮，颈粗短多皱纹，前躯发达，鬐甲较高，肩峰隆起 8～9 厘米，肩部斜长。母牛头部清秀，产肉性能高，嘴大平齐，颈薄呈水平状，长短适中，肩峰

图 2-20　南阳牛

不明显，前胸较窄，胸骨突出，后躯发育良好。存在尾部短尖、尾根高、乳房发育较差等缺点。南阳牛毛色多为黄色、米黄色、草白色，其中以黄色居多。

南阳牛的肉用生产性能良好，即使是在农户散养的条件下，南阳牛也依然能表现出不错的产肉性能。据河南省南阳市黄牛研究所测定：用 10 头 10～12 月龄的育成牛（公牛），经 7～8 个月的肥育，其体重可达 441.7 千克，平均日增重为 813 克。屠宰率为 55.6％，净肉率为 46.6％，骨肉比为 1∶5.12，眼肌面积为 92.6 平方厘米。24 月龄牛屠宰时要比 18 月龄牛的屠宰率和净肉率分别提高 3.2％ 和 2.7％。如果采用阉牛在精料为主的饲养条件下进行强度育肥，其屠宰率和净肉率还能进一步提高，这表明南阳牛具有良好的产肉性能。

3. 晋南牛

晋南牛原产于山西省西南部汾河下游的晋南盆地，具体包括运城地区的万荣、河津、临猗、永济、夏县、闻喜、芮城、新绛，以及临汾市的侯马、坤远、襄汾等县、市。晋南牛是一个古老的役用牛地方良种，原本属于大型役用黄牛品种，现在是以肉役兼用为主。其体躯高大结实，具有役用牛的体形外貌特征。公牛头中等长，额宽，顺风角，牛颈较粗而短，垂皮比较发达，前胸宽阔，肩峰不明显，臀端较窄，蹄大而圆，质地致密。母牛头部清秀，乳房发育较差，乳头较细小。毛色以枣红为主，鼻镜粉红色，蹄趾亦多呈粉红色。晋南牛体格粗大，胸围较大，成年牛前躯较后躯发达，具有较好的育肥性能（图 2-21）。

图 2-21 晋南牛

晋南牛具有良好的役用性能，挽力大，速度快，持久力强，具有耐热、耐苦、耐劳、耐粗饲等优点。在其生长发育后期进行肥育时，饲料利用率和屠宰率都较好，是由役用为主转向肉役兼用方向选育很有希望的地方黄牛品种之一。但是，目前相对于黄牛的肉用性能而言，晋南牛还存在着乳房发育较差、泌乳量低、尻斜而尖等缺点。

4. 延边牛

延边牛原产于我国东北三省东部的狭长地带，其耐寒性能尤为突出。延边牛是朝鲜牛与本地黄牛长期杂交的结果，也混有一部分蒙古牛的血缘，属役肉兼用品种。延边牛体质结实，抗寒性能良好，适合在林间放牧，冬季需要有暖棚。在农业机械不普及的年代，延边牛是北方水稻田的重要耕畜，是寒温带的优良黄牛品种（图 2-22）。

延边牛耐寒性能良好，在严寒的冬季（气温为 -25℃ 左右时），依然能保持正常食欲和反刍。延边牛胸部深宽，骨骼坚实，被毛长而密，皮厚而有弹性。公牛额宽，头方正，角基粗大，多向后方伸展，成一字形或倒八字角，颈厚而隆起，肌肉发达。母牛头大小适中，角细而长，多为龙门角。延边牛毛色多呈浓淡不同的黄色。从其肉用性能来看，延边牛自 18 月龄开始育肥 6 个月，日增重为 813 克，胴体重可达 265.8 千克，屠宰率 57.7%，净肉率 47.23%，眼肌面积 75.8 平方厘米。

图 2-22 延边牛

二、获得农产品地理标志认证的牦牛

中国是世界牦牛的主产国，拥有牦牛的数量占世界总量的 90％以上，主要分布于青海、西藏、四川和甘肃，在新疆和云南也有一些分布。牦牛是世界屋脊——青藏高原上，唯一能够充分利用高原草地资源的家畜，对于高寒草原的严寒、缺氧、缺草等恶劣条件都有良好适应能力。在青藏高原的农牧业生产中，牦牛是特有的优势牛种资源。在高寒牧区，牦牛成为人们不可替代的生产和生活资料，因为只有牦牛可以提供奶、肉、毛、绒、皮革、役力、燃料等生产和生活必需品。所以，在青藏高原的高寒牧区，牦牛具有不可替代的经济功能、生态功能和复杂的社会功能。

我国牦牛分布区域辽阔，由于其产地的地理条件、草地类型、饲牧水平、选育程度、社会经济发展水平的不同，致使牦牛在体态结构、外貌特征、生产性能、利用方向等方面有所差异，并形成了各地多种多样的地方特色品种。在我国农产品地理标志认证名录中，包括了各地的 19 个牦牛品种。

（一）四川九龙牦牛

九龙县位于四川省甘孜藏族自治州，以饲牧牦牛而闻名。九龙牦牛饲养业在历史上曾经甚为发达，最早的记载见于《史记》《汉书》等。在公元1—2世纪的"牦牛国"，就包括了今天的九龙牦牛饲牧区。据《史记·货殖列传》："巴蜀亦沃野……西近邛筰，筰马、旄牛。"在《汉书·地理志》中亦有记载。目前，在洪坝、湾坝等地至今仍残留有许多的"牛棚"遗迹，这足以证明九龙牦牛饲牧业在历史上曾经规模庞大（图2-23）。

图2-23 九龙牦牛

在20世纪70年代末我国开展的全国畜禽品种资源调查中，长期处于"养在深闺人未识"的九龙牦牛，才被蔡立教授等老一代牦牛专家发掘出来，并被正式命名为"九龙牦牛"，纳入到《中国牛品种志》《四川省畜禽品种志》中。同时，也被列入《国家畜禽品种资源保护名录》中。九龙县的九龙牦牛良种繁育场于2008年被农业部确定为国家级畜禽资源保种场。

九龙牦牛在九龙县18个乡（镇）均分布，中心产区在湾坝、洪坝、斜卡、汤古、乃渠、呷尔、三岩龙7个乡（镇），共有牦牛3.2万头，占全县牦牛总数的80%。九龙牦牛是在九龙县特定的地形地貌环境下，以及高山草场丰盛的条件下，经过长期的自然选择和人工选择，逐渐形成的一个具有共同来源、体形外貌较为一致、遗传性能稳定、适应性强的"谷地型"纯系牦牛。

九龙牦牛以高大的体形、丰厚的绒毛、良好的肉质和肉用性能而驰名中外。其成年公牛体重为 397～524 千克，成年母牛体重为 235～327 千克，4.5 岁的阉牛屠宰率为 56%，净肉率为 45%，胴体产肉率为 81%，眼肌面积为 65 平方厘米，骨肉比 1：4.28。九龙牦牛可骑、可驮、可耕地，是当地民众重要的生产、生活资料，是纯天然放牧肥育的"优质绿色食品"，属于肉、乳、毛兼用品种。

（二）四川金川多肋牦牛

金川多肋牦牛产自四川省阿坝藏族羌族自治州的金川县。金川多肋牦牛是牦牛的新类群，牦牛具有 15 对肋骨，比一般牦牛多一对肋骨，是世界上现有牦牛品种中最为特殊的群体。在自然放牧条件下，其母牛初产年龄在 3 岁，比其他品种早 1 年产犊，而且 80% 以上可实现一年一胎。牦牛屠宰的净肉率为 42%（高于其他品种），年产奶量可达到 400 千克（比其他品种产奶量高约 50%）。

金川多肋牦牛产区四周有很多难以翻越的高山，需要体躯高大、健壮、有力的牦牛作为运输工具。从金川多肋牦牛的发展历史来看，金川多肋牦牛只有输出牦牛而无输入牦牛的习惯，这从多肋牦牛的体形结构、角型、毛色等方面可以得到证实。金川多肋牦牛的确是一个封闭的牦牛群体（图 2-24）。

图 2-24　金川多肋牦牛

金川多肋牦牛采用逐水草而居的半野生放牧方式，以原始自然的生长过程为主，每日放牧时间不少于 10 小时。冷季收牧后对妊娠牛、犊牛补饲青干草、青贮草、多汁饲料及精饲料。在灾害性天气则实行全群补饲。金川多肋牦牛实行本品种选育。

金川多肋牦牛身躯被毛多为黑色，头部、胸部、尾部为白色。头部狭长、额宽，公、母牛均有角，鬐甲较高，肩颈结合良好，胸宽而深、背腰平直，体躯呈矩形，后腿粗壮，四肢较长而粗壮，肌肉发达、蹄质结实。公牦牛头部粗重，体型高大，雄壮彪悍。母牦牛头部清秀、后躯发达、骨盆较宽，乳房丰满，性情温和。金川多肋牦牛的主要特征为有 15 对肋骨（普通牦牛只有 14 对肋骨），全身各个部位骨骼均比其他牦牛小。

母牦牛终生平均产仔 8～12 胎，个别可高达 15 胎。在良好饲养管理的条件下，大多数牦牛（多于 90%）可达一年一胎，而普通牦牛大多数为 3 年 2 胎。

金川多肋牦牛肉色鲜红，有光泽，肌肉弹性强，外表微湿，不沾手。多肋牦牛肉的滴水损失率很低，仅为 3.32%～3.90%，这表明其肌肉保持水分的能力很强，不易酸败变质。金川多肋牦牛肉的肉质更加细嫩、味道鲜美、香味浓、口感好。其蛋白质含量不低于 22%，较普通牦牛肉要高 4% 左右，且脂肪含量不高于 0.5%，较普通牦牛肉低 80% 左右，胆固醇含量不高于 65 毫克/千克，较普通牦牛肉低 5.7% 左右。金川多肋牦牛肉的蛋白质含量比普通牦牛肉高，人体必需的氨基酸含量丰富，特别是脂肪含量低，对人体健康极为有利。

（三）云南香格里拉牦牛

香格里拉牦牛产自云南省迪庆藏族自治州香格里拉市。1980 年，当地兽医站首次开展全县畜禽品种资源普查工作。根据当时的有关规定，香格里拉牦牛被命名为"中甸牦牛"。1983 年，"中甸牦牛"被录入《云南省家畜家禽品种志》。迪庆州境内牦牛饲养场及三县 14 个乡镇养殖的牦牛品种均为中甸牦牛，牧民所养殖或放牧的牦牛，均为中甸牦牛种群内自配繁殖。2001 年 12 月 17 日经国务院批准，中甸县正式更名为香格里拉市。随着地名的更改，原"中甸牦牛"，亦被改称为"香格里拉牦牛"（图 2-25）。

图 2-25　香格里拉牦牛

（四）西藏帕里牦牛

帕里牦牛是西藏自治区日喀则市亚东县的特产，是生活在帕里草原上的特有物种，距今已有几百年的历史，被人们称为"雪域精灵"。帕里草原位于日喀则市亚东县境内的帕里镇，这里平均海拔在 4 300 米以上，素有"高原第一镇"之称。

帕里牦牛产地分布在西藏自治区日喀则市，牦牛存栏数量约为 2 万头。帕里牦牛全身都是宝。对于藏民来说，人们喝牦牛奶、吃牦牛肉、烧牦牛粪。而且它的毛可以做成衣服或帐篷。帕里牦牛既可以用于农耕，又可以在高原当作运输工具（图 2-26）。

图 2-26　帕里牦牛

帕里牦牛以黑色为主，深灰、黄褐、花斑色也比较常见，还有少数为纯白色个体。帕里牦牛躯体庞大，毛色亮丽，产肉多，产奶多，且肉质鲜美、营养丰富。这里的牦牛"喝的是矿泉水，吃的是虫草"，其肉质风味之美可想而知，其乳品富含各种营养元素，也是制作酥油的优质原料。

帕里牦牛头宽额平，角间距大，有的宽达 50 厘米。其颈粗短，鬐甲高而宽厚，前胸深，背腰平直，尻部欠丰，四肢强健但较短。母牦牛初配年龄为 3.5 岁，一般可利用 14 年。公牛初配年龄为 4.5 岁，一般可利用到 13 岁左右。大多数牦牛为两年一胎。帕里牦牛屠宰率为 52%，日产奶量为 1.6 千克（在 8 月）。每头牦牛平均产绒量为 0.6 千克，年产酥油平均为 12.5～15 千克/头。

（五）甘肃肃南牦牛

肃南牦牛产自甘肃省张掖市肃南裕固族自治县。肃南牦牛体形外貌上均带有野牦牛的特征。其体质结实，体躯结构良好，体态紧凑，前躯发达，后躯较差。头大，额宽；角粗，皮松厚；鬐甲高长宽，前肢短而端正，后肢呈刀状；体侧下部密生粗长毛，犹如穿筒裙，尾短并生蓬松长毛。公牦牛头粗重，呈长方形；颈短厚且深。母牦牛头长，眼大而圆，额宽，个别有角，颈长而薄，乳房小、呈碗碟状，乳头短小（图 2-27）。

图 2-27　肃南牦牛

肃南牦牛毛色多为黑褐色，嘴唇、眼眶周围和背线处的短毛为灰白色或乳白色。肃南牦牛肉肌节长，保水性好，出肉率高，而且肉肌纤维细、鲜嫩多汁，并具有高蛋白、低脂肪、富含各种氨基酸和矿物质等特点。其肉汤清澈透明，脂肪团聚于表面，具有肃南牦牛肉特有的香味。

（六）甘肃天祝白牦牛

天祝白牦产自甘肃省武威市天祝藏族自治县。天祝县的藏语名称为"华锐"或"华热"，是"崇尚白色的英雄部落"或"英雄的部落"的意思。在天祝县流传着许多关于驯化和养殖白牦牛的故事。牦牛从黑色变成白色的时间较晚，人们在驯化牦牛的过程中，"白变种"偶然出现，最早在畜种中所占的数量并不大。后来随着人们刻意养殖，其数量才开始变多。在清嘉庆年间著名学者张澍所著的《凉州府志备考·物产卷一》中记载："白牛食雪山肥草，饮雪山清水，其粪微细，可合旃檀。"这里的白牛即是指白牦牛（图2-28）。

图 2-28　天祝白牦牛

其实，在明、清两代，天祝县的藏、蒙古等民族"不植五谷，唯事畜牧，逐水草，插帐而居，放牧马、牛、羊兼养猪，犹以产白牦牛、岔口驿马而闻名"。这一记载从一个侧面反映出当时天祝水草丰美、白牦牛众多的景象。

我国的牦牛专家陆仲麟先生，根据我国牦牛所处的生态环境不同，将中国的牦牛划分为西南高山峡谷型、青藏高原型、祁连山型这三个不同的生态类型，将天祝白牦牛划分在祁连山型牦牛类型中。他通过大量的调查研究发现：在西南高山峡谷型、青藏高原型牦牛中，纯黑色个体占到60%以上，祁连山型牦牛纯黑色个体占50%左右，其他如花、褐、灰、青、白色均有。特别是在祁连山型牦牛中，白色个体的比例较高，一般占到2%～4%。

大多数白牦牛全身被毛为纯白色，但眼圈、角、蹄壳是黑色。这些牦牛在生活力、生产力方面与其他黑牦牛无差异。还有一些白牦牛不但被毛为白色，而且皮肤、角、蹄壳和眼圈全为白色，这种牦牛的适应性较差，生活力低下，实际上是患有白化病的牛。陆仲麟先生认为，天祝白牦牛就是在前一种白牦牛的基础上，经过长期选育而形成的牦牛品种。

1960年，甘肃农业大学畜牧系对白牦牛进行了资源普查，白牦牛占全县牦牛总数的27.3%，经过科技工作者的研究和开发，使白牦牛的数量迅速增加。在1980年，被甘肃省人民政府正式命名为"天祝白牦牛"，在1983年被列入《甘肃省畜禽品种志》，在1984年被列入《中国牛品种志》。

（七）甘肃玛曲牦牛

玛曲牦牛是甘肃省甘南藏族自治州玛曲县的特产。玛曲是全国牦牛的重点产区，拥有"亚洲第一天然牧场"玛曲草原。玛曲牦牛是青藏高原古老而原始的畜种，是经过长期的自然选择和人工驯养，培育出的能适应高寒牧区严酷自然生态环境的高原特有畜种，分布在青藏高原黄河首曲的高寒草甸和沼泽草甸区，当地海拔3 500～4 800米（图2-29）。

图2-29　玛曲牦牛

玛曲牦牛终年放牧、抗病力强；体质结实，结构紧凑；头大额宽，鼻孔开张，鼻镜小，唇薄灵活，眼圆突出有神；颈短而薄，背低稍凹，前躯发育良好；尻斜，腹大，四肢较短，粗壮有力，关节明显，后肢多呈刀状；蹄小而坚实，蹄裂紧靠；毛色以黑色为主，多数有角。

玛曲牦牛为肉乳兼用型，且以肉用为主。成年牦牛公牛平均体高138厘米，平均体重406千克；成年母牛平均体高120厘米，平均体重252千克。屠宰率为45%～51%，净肉率为32%～38%。3周岁性成熟，4～8岁繁殖能力最强。母牦牛为1年1胎或3年2胎。

（八）青海乐都牦牛

乐都牦牛产自青海省海东市乐都区。乐都牦牛具有粗壮坚实的四肢，蹄质坚实而蹄尖狭窄、锐利，蹄底有马蹄铁形硬角质，善于攀登，能利用其他牲畜不能利用的高山陡坡草场。再加之其后躯短窄而斜，后肢刀状肢势，就更具有攀登灵活性（图2-30）。

图2-30　乐都牦牛

其外形结构紧实而匀称，体质坚实，相貌粗野，整个身躯低深而长。公牛颈短厚而深，母牛颈薄浅，无垂皮，前躯发育良好，后躯欠佳。乐都牦牛鬐甲高，背腰平直，十字部上隆，尻斜，头较粗长，额短宽面部微凹，侧视呈楔形，眼圆稍突出，明亮有神，鼻梁狭窄，鼻镜鼻孔较小，唇薄灵活，耳小，角粗壮光滑，角形向外上方生长，形成不密闭环形。

乐都牦牛在原始自然的环境中生长，周围无任何污染环境，终身无劳役，一生中不断摄入富含中草药和藏药的牧草，这使得乐都牦牛肉质细嫩，肉味鲜美。屠宰后的乐都牦牛肉色深红，肌间脂肪分布均匀，脂肪颜色微黄。煮熟后的乐都牦牛肉香味四溢、肉质鲜嫩。其蛋白质含量高达22.3克/100克，脂肪含量很低，氨基酸种类齐全，食用品质好，对增强人体抗病力、增加人体细胞活力均有促进作用。

（九）青海互助白牦牛

互助白牦牛产自青海省海东市互助土族自治县。互助白牦牛有很强的耐久力，是当地牧民们出圈驮运的重要交通工具。一头白牦牛驮负着100千克的重物，也能蹚过河流，穿越沟壑，攀登高山。这些都是现代的摩托车和汽车等交通工具所无法替代的（图2-31）。

图2-31　互助白牦牛

另一方面，当地人也很崇拜白牦牛，认为惟有白牦牛才能给人们带来福祉，也才能净化人的心灵。所以，他们就将神的灵气、雪山的精神融合在一起，并附着于白牦牛之上，使之成为"吉祥、平安、善良、美好"的象征。由此，当地就产生了一种白牦牛图腾文化。

（十）青海海晏牦牛

海晏牦牛产自青海省海北藏族自治州的海晏县，这里曾经是古羌人的聚居地。在藏族人民口头流传的长篇巨作《格萨尔王》中，就将牦牛作为力大无比的神来描述。在《格萨尔王》的分部本"世界公桑"中，野牦牛被表现为拥有撼天动地的力量，并常与风暴、日食、野火等可怖自然现象联系在一起。由此可见，人们对牦牛的崇拜与敬畏之情（图2-32）。

图2-32　海晏牦牛

当地从爰剑时代河湟羌人就开始驯养或放牧牦牛，并被其后代子孙继承和发扬，到了汉代则以驯养良种牦牛而著称。在公元310年，吐谷浑人进入青海的共和、海晏、刚察等地，并继续驯化昆仑山、祁连山的野牦牛。由此形成了体躯矮长、四肢短细、蹄小而尖、头侧视呈楔形的牦牛。从外貌特征来看，这就是今天的海晏牦牛。千百年来，牦牛与极其恶劣的自然环境顽强斗争，生生不息，繁衍发展，创造出高原的生命奇迹。

（十一）青海刚察牦牛

刚察牦牛是青海省海北藏族自治州刚察县的特产，为国家农产品地理标志保护产品。刚察县位于青海湖北岸，隶属于海北藏族自治州，属于典型的高原大陆性气候，平均海拔3 300米。

刚察牦牛业是青海省环湖重点牧业之一。2013年，刚察县申报的"刚察牦牛"通过农业部农产品质量安全中心的审查，被认定为"农产品地理标志保护产品"。牦牛全身呈黑褐色，身体两侧和胸、腹、尾毛长而密，四肢短而粗健（图2-33）。

刚察牦牛生长在海拔3 000～5 000米的高寒地区，是世界上生活在海拔最高处的大型哺乳动物。刚察牦牛既可用于农耕，又可在高原作运输工具，也能生产牦牛肉和牦牛奶。刚察牦牛长期生长在高寒的青藏高原，由

图 2-33　刚察牦牛

于气候寒冷，当地的植被较稀薄，牦牛以放牧的方式饲养，沿途边走边吃草，处于半野生状态。因此，其肉质鲜嫩、营养丰富，是纯天然的绿色食品，具有很高的营养价值。牦牛肉性温热，冬季食用可抗寒，其蛋白质含量高，脂肪和胆固醇含量低，是各族人民都喜食的优质肉食品。

（十二）青海祁连牦牛

祁连牦牛产自青海省海北藏族自治州的祁连县。祁连牦牛产区地处相对封闭的青藏高原，是世界公认的"超净区"之一，集中产地位于海北藏族自治州祁连县域内的峨堡镇、阿柔乡、八宝镇、默勒镇、野牛沟乡、央隆乡、扎麻什乡，县域总面积1.4万平方公里。祁连牦牛长期生长在海拔3 500米以上的高寒地区，采用传统游牧饲养方式。同时，由于祁连牦牛具有野牦牛的遗传基因，其肉质富含18种氨基酸，铁、锌、硒等人体必需的微量元素和维生素都很丰富。高蛋白、低脂肪，氨基酸种类齐全，加上肉质鲜美、肌纤维较粗、色泽暗红、腥膻味小，使之具有不可比拟的独特风味（图2-34）。

祁连牦牛的来源与青藏高原民族变迁有着密切关系，是藏族民众长期驯养昆仑山、祁连山的野牦牛而产生的家畜品种，一直流传至今。驯养和游牧祁连牦牛，是藏族牧业和藏族传统生活方式的一种象征。在藏族宗教艺术和民间工艺中，随处都可以见到各种各样的牦牛图案。在宗教祭祀和

图 2-34　祁连牦牛

法事活动中，也佩戴牦牛头面具进行演示和舞蹈，这些都证实了牦牛图腾崇拜的历史风俗一直根深蒂固地保留在藏族的文化生活之中。

祁连牦牛采用终年高山天然放牧方式，其饲养管理较为粗放，一般无补饲。在寒冷的冬季，除母牛和幼年牛在冬圈放牧之外，散养牦牛一般都是在高山草甸区游牧。祁连牦牛体躯深长，其头颈、额部宽大，鼻额细长、鼻孔圆小、鼻镜狭长呈褐色，嘴齐小而呈长方头形，侧视呈楔形。公牛鬐甲高大而肥厚，母牛鬐甲较为单薄。其背短，并由于肋长而略偏，肋弓开张较差，故背宽不够，腰长而平直。但腰短而斜，肌肉不够丰满。尾根高起，尾椎骨粗壮。四肢短而坚强，前肢肢势正，但不够开张，后肢多呈 X 状，但强劲有力。

（十三）青海天峻牦牛

天峻牦牛产自青海省海西蒙古族藏族自治州的天峻县。作为藏文化中的图腾崇拜物，牦牛被当地人称为"神牛"，黑牦牛代表着"神圣、正义、力量、威严"。被人们俗称为"万能种"的牦牛，在当地终身无劳役，过着逐水草而居的半野生半放牧生活。原始而自然的生长过程，使得天峻牦牛一生中可以摄入大量的虫草、贝母等名贵草药。这使得天峻牦牛肉质细嫩，味道独特而鲜美。其牦牛肉富含蛋白质和氨基酸，以及胡萝卜素、钙、磷等微量元素，脂肪含量很低，热量特别高，对增强人体抗病能力、增加人体细胞活力均有促进作用（图 2-35）。

图 2-35　天峻牦牛

天峻牦牛的体质坚韧、结构匀称紧凑，前躯发育良好，后躯欠佳，鬐甲高而较长宽，尾短且生长蓬松长毛。其体格高大，头大角粗；前肢短而端正，后肢呈刀状；体侧下部密生粗毛，毛色以黑褐色居多。每牛活重均超过 500 千克，具有良好的产肉性能。

（十四）青海兴海牦牛

兴海牦牛产自青海省海南藏族自治州的兴海县，长期生长在海拔 3 900 米以上的高寒地区，以传统的游牧饲养方式进行管理。兴海牦牛头大，角粗，皮松厚，鬐甲高长宽，前肢短而端正，后肢呈刀状，体侧下部逆生粗长毛，尾短并着生蓬松长毛。公牦牛头粗重，呈长方形，颈短厚且深；母牦牛头长，眼大而圆，额宽，有角，颈长而薄，乳头短小，乳静脉不明显（图 2-36）。

图 2-36　兴海牦牛

兴海牦牛体质坚韧、结构匀称紧凑，前躯发育良好，后躯欠佳，体格高大，毛色以黑褐色居多。屠宰后从胴体上看，其肌肉光泽润滑，肉色深红，脂肪呈淡黄色，肌纤维清晰而有韧性，呈明显的大理石花纹，肉质弹性好。

经检测，兴海牦牛肉蛋白质含量高，脂肪含量低，矿物质元素含量丰富，氨基酸种类齐全，牦牛肉食用品质好。因其富含的氨基酸组成比其他肉类更接近人体的需要，因而能提高人的机体抗病能力。

（十五）青海泽库牦牛

泽库牦牛产自青海省黄南藏族自治州的库泽县。泽库牦牛全身都是宝，其肉鲜美无比，杀后可煮、炒、红烧、清炖或风干等，风味独特。牦牛奶可以饮用，可以制成酥油；牦牛皮可缝制成衣、靴、袋等。牦牛头可以加工成工艺品，牦牛尾可以制作成弹扫灰尘的扫帚（图2-37）。

图2-37 泽库牦牛

泽库牦牛全身被毛丰厚，其毛的结构类似藏羊混合毛，全身着生粗长毛，特别在颈下缘、前胸、体侧、肘端、腹下侧、股臀中下部着生较长的裙毛。泽库牦牛具有薄而灵活的上唇和坚硬宽大的下门齿，能啃食低草，并有长而灵活的舌，在青黄不接、牧草短缺情况下，能舔食灌丛中的短草碎叶充饥。泽库牦牛具有粗壮而坚实的四肢，蹄质坚实而蹄尖狭窄、锐利，蹄底有马蹄铁形硬角质，能攀登利用其他牲畜不能利用的高山陡坡的草场。

（十六）青海甘德牦牛

甘德牦牛产自青海省果洛藏族自治州的甘德县。生长在这块神奇高原上的黑牦牛，是世界牦牛中的珍稀物种。甘德牦牛是青藏高原地区特有的古老原始品种，具有耐高寒、耐劳苦、耐粗放、善攀登、抗病力强等特性，有着"高原之舟"的称誉（图2-38）。

图2-38 甘德牦牛

甘德县平均海拔4 300米，地形由西北向东南倾斜，多高山、少平滩，黄河沿岸地区山高、坡陡，岩石裸露，多断崖和石山，黄河河谷地带形成一些冲积阶地，平坦而倾斜度小，这里是发展饲草饲料作物的主要基地。

甘德牦牛肉细嫩味美，适口性极佳，其色鲜、浓郁，细嫩多汁，具有高蛋白、低脂肪的显著特点，是纯天然绿色食品，更可祛风除湿、补充钙质、强筋健体，对增强人体抗病力，增强细胞活力，调节器官功能均有一定的功效。

（十七）青海久治牦牛

久治牦牛产自青海省果洛藏族自治州的久治县，是青藏高原特有的牛种。久治县主要畜种之一就是久治牦牛。由于特殊的驯化历史和选育手段，使得久治牦牛具有独特的生物学特性，并在藏族人民的经济生活中具有独特的经济地位。久治牦牛以肉质细嫩、味美可口、低脂肪、高蛋白、有野味等特色而广受消费者的欢迎，牛肉产品远销到中东地区，活牛产品出口到香港等地。

久治牦牛的成年公牛（在 5 岁以上）体重为 320 千克，成年母牦牛体重约 220 千克。其典型特征是体格高大（高于其他地区的牦牛），对严酷的高原自然环境有极强的适应性。久治县目前存栏牦牛 20 万头（图 2 - 39）。

图 2 - 39　久治牦牛

（十八）青海玉树牦牛

玉树牦牛产自青海省玉树藏族自治州。玉树牦牛的放牧区主要为高寒草甸和高寒沼泽草场类、高寒草原草场类等草地，是青海草场中的优良草场。玉树牦牛体态结构紧凑，前躯发达，后躯较差。其头大，额宽；角粗，皮松厚；鬐甲高长宽，前肢短而端正，后肢呈刀状；体侧下部密生粗长毛，尾短并生蓬松长毛。公牦牛头粗重，呈长方形，颈短厚且深；母牦牛头长，眼大而圆，额宽、有角、颈长而薄。毛色多为黑褐色，嘴唇、眼眶周围和背线处的短毛，多为灰白色或污白色（图 2 - 40）。

玉树牦牛生长在海拔 4 000 米以上的高寒地区，以传统游牧饲养方式进行管理。其胴体肌肉光泽润滑，肉色深红，脂肪淡黄色，肌纤维清晰有韧性，呈明显的大理石纹。玉树牦牛肉中，氨基酸含量丰富且种类齐全，肌间脂肪含量适中，不饱和脂肪酸含量高于饱和脂肪酸。玉树牦牛肉谷氨酸含量较高，因而其牦牛肉显得更加鲜美适口，是优质、安全、营养丰富、风味浓郁的特色食品。

图 2-40　玉树牦牛

（十九）青海唐古拉牦牛

唐古拉牦牛产自青海省格尔木市唐古拉区。唐古拉牦牛被誉为"雪域之舟"，自古以来就与藏族文化、藏地历史生活有着不可分割的紧密联系，是藏族精神文化和物质文化的一个重要表征。唐古拉牦牛是藏族先民最早驯化的牲畜之一，自古以来就生活在青藏高原上，具有极强的耐力和吃苦精神。尤其是在冰天雪地的寒冬，唐古拉牦牛依然能以其耐寒负重的秉性，坚韧不拔地奔波在高原，担负着"雪域之舟"的重任。

唐古拉牦牛是藏族历史上重要的图腾崇拜物。藏族创世纪神话《万物起源》中说："牛的头、眼、肠、毛、蹄、心脏等均变成了日月、星辰、江河、湖泊、森林和山川等"。这是藏族先民对其所崇拜的图腾——唐古拉牦牛，给予的最高赞誉和神化。

由于唐古拉地区是野牦牛活动的区域，因此在夏秋季节，位于可可西里保护区内的野牦牛经常混入家牦牛群中配种，就使家牦牛混入了野牦牛的血缘，呈现出野牦牛血缘的牦牛达 25％以上。因此，唐古拉牦牛体现出生长发育慢，体格较其他地区牦牛大的外形特征（图 2-41）。

从宰杀后胴体上看，其肌肉光泽润滑，色泽略深，脂肪为淡黄色，肌纤维清晰而有坚韧性，呈明显的大理石纹，弹性较好。唐古拉牦牛肉外表湿润，但不粘手，具有鲜牛肉特有气味。

图 2-41 唐古拉牦牛

三、获得农产品地理标志认证的水牛

水牛是一种适应热带、亚热带气候条件的家畜，中国水牛数量多，总量居世界第二，分布于北纬 36°以南、东经 97°以东的广大地区（主要分布于 17 个省区市）。中国水牛饲养历史悠久，据测定在四川发现的水牛化石为距今 50 万年前，这说明水牛是我国固有的畜种。浙江余姚河姆渡文化遗址出土的家养水牛骨距今已有 7 000 年，这说明在那时人们就已经驯养水牛。

中国水牛分布地域十分辽阔，根据地域范围，中国水牛可以被分为滨海型（分布于东海、黄海沿海地区，为大型水牛）、平原湖区型（分布于长江中下游地区，为中型水牛）、高原平坝型（分布于云贵川高原，为中型水牛）和丘陵山地型（分布于华东、华中、华南及西南低山区，为小型水牛）四种类型。

1. 滨海型水牛

滨海型水牛分布于东海、黄海的沿海一带地区，主要品种有上海水牛、海子水牛等。

2. 平原湖区型水牛

平原湖区型水牛分布于长江中下游平原一带地区，主要品种有滨湖水牛、江汉水牛、鄱阳湖水牛、东流水牛等。

3. 高原平坝型水牛

高原平坝型水牛分布于云贵川高原的平坝、河谷和山塬一带地区，主要品种有德昌水牛、德宏水牛等。

4. 丘陵山地型水牛

丘陵山地型水牛分布于华东、华中、华南及西南低山丘陵一带地区，主要品种有温州水牛、福安水牛、兴隆水牛、涪陵水牛、信阳水牛、西林水牛、信丰山地水牛、峡江水牛、恩施山地水牛、宜宾水牛、滇东南水牛、盐津水牛、陕南水牛、贵州白水牛等。

我国水牛品种众多，但只有"西林水牛"被列入农产品地理标志认证名录。西林水牛产自广西壮族自治区的西林县，2012年获得农产品地理标志认证，并被列入农产品地理标志认证名录。西林县地处桂、滇、黔三省区的结合部，有着"一肩挑三省"的特殊地理位置。

西林水牛是受当地自然生态环境条件的影响，经过长期的自然选择和人工选择而逐步形成的。自从1980年起，西林县就持续开展了西林水牛种牛展评活动，这促进了西林水牛选育良种的发展（图2-42）。

图2-42　西林水牛

1987年，经过资源调查与测定，广西畜牧局将西林水牛列入广西地方品种，并载入《广西家畜家禽品种志》。从1991年起，广西畜牧部门开始实施西林水牛保种选育计划。在2002年，西林水牛被载入《中国畜牧业名优产品荟萃》。在2011年，西林水牛被列入广西畜禽遗传资源保护名录。

西林水牛属丘陵山地型水牛，体形较小，其形态特征具有地方特色。

毛色多为灰黑色，少数为白色（约 15％）。灰黑色的西林水牛，在咽喉和颈部有 1～2 条浅色 V 形带；多数牛两眼角、下颌两侧有白斑，四肢及下腹部毛色较浅，蹄与角是灰黑色。西林水牛体躯较高，脸短、鼻镜宽，鬐甲显露，肩部强而有力，前躯发达，四肢粗壮。其前肢距离宽，稍呈弧形，后肢飞节内弯，蹄圆大，属于粗糙紧凑型体质。

西林水牛胸深宽、胸围大，前胸突出。其背腰部宽长，中躯发育良好，腹部不过于膨大下垂。尻宽大、倾斜，部分水牛有尖尻。母牛乳房多呈肉色，乳头短小，乳房不发达。西林水牛肉质细嫩而富有弹性，肉质颜色鲜红，结缔组织较少，脂肪坚实、色白。其味鲜美，无膻味。

四、获得农产品地理标志认证的牛肉产品和牛乳产品

（一）内蒙古巴林牛肉

巴林牛肉产于内蒙古自治区赤峰市巴林右旗。巴林右旗位于内蒙古东部、赤峰市北部，地处西拉沐沦河北岸，大兴安岭南段山地。巴林，系明代蒙古族部落名，意为"阵地""要塞"或"哨所"。

巴林右旗养殖肉牛全部饲喂天然牧草及其他草原可饲植物。当地的环境条件最适合肉牛的繁殖和生长，也是出产牛肉的最好区域。与其他地区的牛肉相比，巴林牛肉具有肉质鲜嫩、细腻、色泽好、多汁、富含多种矿物质等优点。巴林牛肉的肌原纤维和肌纤维间脂肪沉淀充分，适口性好，更易消化吸收，而且还具有高蛋白、低胆固醇、低脂肪等特点，熟制后的牛肉味道香、膻味小。

当地依托地区资源优势，采取多种务实举措，加快畜牧业发展，促进农牧民增收，引领当地农牧业走上了发展的"快车道"，巴林牛肉也随之远近闻名。

（二）宁夏涝河桥牛肉

涝河桥牛肉产自宁夏回族自治区吴忠市，并以吴忠市利通区的涝河桥村名命名。涝河桥村临近内蒙古、甘肃、青海、陕西等省份，村内建有清真牛羊肉批发市场，肉牛的养殖地多在贺兰山麓、毛乌素沙漠和鄂尔多斯

高原。牛肉产地日照充足、昼夜温差大、土壤属碱性，当地特有的饲草资源也使涝河桥牛肉营养更加丰富、肉质更加鲜嫩，并且具有肥而不腻的特点。涝河桥清真牛肉以分割肉为主，其肌间脂肪适中，大理石花纹多，肉质鲜嫩，肉色较淡，胴体瘦肉多，脂肪少，有较好的屠宰率和眼肌面积。

（三）宁夏泾源黄牛肉

泾源黄牛肉产自宁夏固原市的泾源县。泾源县自古以来就是以畜牧业发展为主，远至先秦的周代和春秋时期，当地就已牛马成群。据《泾源县志》记载，泾源黄牛是当地主要牲畜品种，已经有近 200 年的养殖历史，当地人已经积累了丰富的养牛经验。

自 2007 年以来，泾源县被宁夏回族自治区政府确定为环六盘山生态肉牛养殖基地，泾源县政府也将草畜产业作为促进县域经济发展的支柱产业。通过创新经营机制，加大对肉牛业的投入，形成了独具特色的"泾源肉牛养殖模式"，并将这一模式在全自治区推广。为扩大肉牛养殖业的宣传，当地连续举办了五届全国和全区"黄牛节"和"赛牛会"，形成了健康向上的黄牛产业发展氛围。

当地养殖的黄牛有"天天喝矿泉水、顿顿吃中草药"之美誉，泾源黄牛肉也曾获得过"国际农产品博览会"金奖。泾源黄牛肉质鲜嫩、瘦肉多、脂肪少，牛肉呈现樱桃红色，脂肪呈乳白色，肉表面有一层薄膜，牛肉富有弹性。泾源黄牛肉的瘦肉率可达 80％以上，净肉率可达 43％以上，蛋白质含量在 21％～23％，而脂肪含量只有 0.1％～0.3％。

（四）宁夏吴忠牛乳

吴忠市利通区物华天宝、人杰地灵，以其悠久的历史、重要的地理位置、丰富的物产、雄厚的经济实力，被誉为"塞上江南"。吴忠市是西北最大的畜产品交易集散地，饲草饲料丰富，当地回汉群众多年来积累了丰富的养殖经验，奶牛养殖业已有 30 多年的发展历史，并形成了一定规模的奶牛产业，是国家级转化型农产品"两高一优"农业示范区和农业产业化示范县，年牛乳总产量为 35 万吨。

吴忠市利通区奶牛养殖场生产的鲜牛乳呈乳白色或微黄色、无沉淀、无肉眼可见的杂质，牛乳呈均匀的胶态液体，具有新鲜牛乳固有的奶香味。每 1 000 克鲜牛乳含脂肪 3.5 克，蛋白质 3.2 克，干物质 11.5% 以上。

历经 30 多年的发展，吴忠市已经形成了现代奶业的雏形。奶产业已成为吴忠市最具特色、最具潜力的优势产业。近年来区政府重点在园区建设上努力，推动做大做强乳品龙头企业，并强化奶源基地建设。

(五) 新疆达因苏牛肉

达因苏牛肉的产地是位于新疆伊犁哈萨克自治州塔城区额敏县境内的达因苏草原（意为"云上的草原"），主要是由新疆生产建设兵团的第 9 师 165 团生产。当地为有机牛肉生产基地，生态环境良好、远离城镇。当地的大气、土壤、灌溉水均符合国家有机食品产地环境标准。水源为昆仑山冰雪融水，土壤质地为沙质土壤，饲草料来源充足，草原管理技术也比较先进。

当地养殖的肉牛品种主要是品质优良的夏洛莱牛。新疆生产建设兵团第 9 师 165 团，经过长期的培育，形成了以引进品种夏洛莱为主、以经过改良的当地土种牛为辅的肉牛繁育体系。肉牛的饲养方式是，在中海拔地区以天然放牧为主，在低海拔地区以散户饲养、集中育肥为辅。其养殖管理规范化程度较高，肉牛的繁育也是有计划地进行。

达因苏肉牛被毛为白色或乳白色，体型宽阔，体躯呈圆筒状，全身肌肉发达，骨骼结实，胸宽深，背腰宽平，四肢粗壮而端正，大腿肌肉呈四方形。其肉色鲜红匀称、有光泽、纹理细致、富有弹性。牛肉的大理石花纹适中，脂肪色泽为白色或淡黄色，胴体体表脂肪覆盖率 100%。肌肉纤维细致而紧密，新鲜牛肉表面微干或微湿润。经熟制后，牛肉鲜嫩味美，醇香适口，达因苏牛肉为优质的肉类品种。

第三章

牛的象征意义和对牛的崇拜

一、关于牛的象征意义

我们的祖先在长期的农耕生活中，一直期盼着丰衣足食。这其中除了先祖的勤劳与智慧之外，要想实现丰衣足食，在一定程度上还要得益于对牛的利用。牛在人类农耕发展历史上，起到了十分重要的作用。

从民间传说来看，牛在"天开于子之后，地辟于丑"。牛天地开辟，而后才有人，也才有万物化生。与传说中的"鼠咬天开"相比，"丑牛辟地"，则更显得质朴而实在。牛有温良恭顺的习性，有踏实肯干的精神，牛在人们心目中有着美好的印象。在中华文化发展历程中，牛被赋予了丰富多彩的象征意义。

（一）牛是吉祥的象征

在农耕社会中，牛一直受到人们的珍爱，并被人们视为吉祥之物。

古人由于蒙昧而信仰鬼神，并认为自己处在鬼神的包围之中，而且他们认为自己的一言一行，都会受到鬼神的支配。因此，在遇到征伐、田猎、祭祀、开耕、疾病、婚丧等重大事件时，他们就会心生犹疑、难以决断。这时，他们就会通过占卜，来探知鬼神的态度。所以，凡是用来作为占卜的东西，古人都会认为是具有神灵之物。古人云："龙凤麟龟，谓之四灵"，这四灵全都曾被用来作为占卜之用。

牛在人们的心目中是具有灵性的动物。在进行占卜时，龟骨、牛骨的裂纹，被认为是能告知吉凶的。西安沣西龙山文化和甘肃武威皇娘娘台齐家文化遗址，都出土了专门用于占卜的牛骨。当时占卜的方法是，把艾团沾在牛肩胛骨的表面，然后点燃。在燃烧后，牛肩胛骨背面会出现裂纹，古人称之为"兆"。占卜者在根据"兆"的形状来判断吉凶。

直到现在，在我国羌族、蒙古族、纳西族和彝族等少数民族聚居地，都还保留着用牛肩胛骨来占卜的习俗。他们认为牛骨有通神的作用，而且还认为，用祭祖用过的牛骨来进行占卜会更加灵验。

在羌族、蒙古族、纳西族和彝族等聚居区，宰杀牛时，人们会把牛的肩胛骨保留下来，挂在屋内隐蔽处或埋在山脚下，以避免人畜干扰。他们认为，一旦牛肩胛骨被人畜干扰了，占卜时就不灵验了。

以牛肩胛骨裂纹预测未知事件，虽然缺乏科学依据，但也从一个侧面反映出了牛被人们赋予了不同寻常的意义。正如民间传说中所描述的那样，"牛破开了沉睡的土地，生命的种子借助牛的沟通而获得了生机"。古人认为，鬼神的启示可以借助牛肩胛骨纹理而被人知晓，这也使得人们对于如此重要和劳苦功高的牛表现出了格外尊崇与爱护。

（二）牛是力量的象征

在人类历史中，有很长一段时间人类的力量是无法与变化莫测的大自然相抗衡的，人的生命经常受到自然灾害和各种动物的威胁。牛作为力量的载体，被人们用来耕地、运输、充当食物，甚至还用牛来抵御外界凶猛的动物。因此，牛被人类赋予了威武、雄壮、有力量等象征意义。

牛角因其中空、上小下大呈喇叭状，因此声音经过牛角，能被传递得较远。因而牛角被远古先民用作号角来发号施令，传递信息。相传，黄帝与蚩尤之间数次征战，互有胜负。蚩尤率魑魅魍魉，幻变多方，征风召雨，吹烟喷雾，使黄帝的大军晕头转向。战争进行了九个回合，但谁也没有战胜对方。为了打败蚩尤，黄帝重新整顿了自己的军队，并以神牛之角制作了军号。战争激烈而残酷，他们以牛角作号，号声如巨龙低吼，传遍了原野山谷，令蚩尤的军队魂飞魄散，落荒而逃。黄帝大军则乘胜追击，最终将蚩尤捕杀。

牛作为特殊的战争武器，早已被载入了战争史册，这在古代的岩画、壁画中都有所体现。藏族人民至今还流传着许多用"牦牛阵"冲杀敌人的传说。有些地区则以牛头、牛角等作为装饰，人们祈求用牛的力量为人带来好运。

还有一些地区，则保留着斗牛（牛与牛相斗）的传统习俗，让牛挥洒出最原始的野性，而人们则是赞赏牛的勇敢和勇于战斗的精神。浙江金华的斗牛就是如此，鲁迅先生早年还曾为金华斗牛写过文章（据《鲁迅全集》第五卷）。

现代人常用的"拓荒牛""牛人"等相关词语，其实也都是要表现人们对于牛的吃苦耐劳、执着坚韧、拼搏精神以及勇往直前等品格的赞赏与推崇。

（三）牛是财富的象征

牛作为图腾，被人赋予了五谷丰登的期盼，同时，牛也被人们视为财富的象征。

在古代，拥有牛的数量多少，往往是身份与地位的象征。据史书记载，班固的祖先班壹以畜牧起家，以至于拥有牛数千群，牛群的数量正是其富有程度的标志。每当祭祀的时候，人们也总是要悬挂牛头，来向祖先和神灵表示献祭的诚心。而这些习俗代代传承下来，同样也有向世人展示自己财富的象征意义。

在我国古代传说中，认为金与牛之间自古就存在着千丝万缕的联系，古典文学中也流传着许多关于金牛的神话。在《太平御览》引《幽明录》中："淮南牛渚津，水极深，无可计算。人见一金牛，形甚瑰壮，以金为缰绊。"刘道真在《钱塘记》中曰："明圣湖在县南。父老相传：'湖中有金牛，古尝有见其映宝云泉，照耀流精，神化莫测。'"

金历来是财富的象征，因而人们自然就认为金牛能带来财运。这也是人们期盼生活富足的一种美好愿望。

据《古今图书集成》引《湘中记》载："长沙西南有金牛岩。汉武帝时，有一田夫牵赤牛，告渔人欲渡。渔人曰：'船小，恐不胜牛。'田夫曰：'但相容，不重困于君船。'于是人牛俱上。及江半，牛粪于船。田夫曰：'以此相赠。'既渡，渔人怒其污船，以桡拨粪弃水，欲尽，方觉是金。讶其神异，乃蹑之，但人牛入岭。随至而掘之，莫能及也，今掘处犹存。"

牛的正色是黄色，牛的颜色与金、铜的颜色相似，而两者都是财富的象征。所以，人们把金和牛联系在一起，通过塑造金牛、铜牛的形象，来期盼生活越来越富足。

在现代的股票交易市场中，股价出现连续较长时间的上升，人们就称之为"牛市"。许多商家都愿意摆放"旺财金牛"，以此来期盼自己事业兴旺、财源广进。

（四）牛是踏实与奉献的象征

牛，在中国传统文化中还是勤劳善良的象征。牛的坚韧不屈、踏实苦干、乐于奉献的精神，一直得到人们的赞扬。人们也习惯于称呼那些默默耕耘、无私奉献的人为"孺子牛"。鲁迅先生所吟诵的"横眉冷对千夫指，俯首甘为孺子牛"，更是成为牛的踏实奉献精神的经典概括。

而"孺子牛"称谓其实源远流长，在《左传·哀公六年》中，就记载了有关"孺子牛"的典故。齐景公有个庶子名叫茶，齐景公非常疼爱他。有一次齐景公和茶在一起嬉戏，齐景公作为一国之君竟然在口里衔了根绳子，让茶牵着走。不料，儿子不小心跌倒了，结果就把齐景公的牙齿拉掉了。齐景公临死前遗命立茶为国君。但在景公死后，陈僖子要立公子阳生。齐景公的大臣鲍牧对陈僖子说："汝忘君之为孺子牛而折其齿乎？尔背之也！"这个千古传诵的爱子故事，后来就被用来赞誉人们的爱子美德。

牛默默耕耘，不畏日晒雨淋；牛遇强不示弱，遇弱不逞强；牛吃的是草，挤的是奶……鲁迅先生以牛为榜样，在《自嘲》中以"横眉冷对千夫指，俯首甘为孺子牛"来表达自己忠诚于民众的信念。正因为如此，他才会有那么大的勇气，拿起笔来做武器，向恶势力宣战。毛泽东在延安读其诗句时说：这"应该成为我们的座右铭"，要"做人民大众的孺子牛"。

现代作家对黄牛精神的赞美，最经典的要数著名诗人臧克家的《老黄牛》诗了。"块块荒田水和泥，深耕细作走东西。老牛亦解韶光贵，不等扬鞭自奋蹄"。这首诗不仅歌颂了老黄牛任劳任怨的负重精神，而且还进一步挖掘了其鞠躬尽瘁、奋蹄耕耘的精神，读后令人对老黄牛产生一种钦佩之情。

画牛大师李可染尤其爱牛，他的书斋叫作"师牛堂"，其中一枚印章就叫"孺子牛"。他画有一幅"孺子牛图"，并且专门写了"题识"。他把对牛"崇其性，爱其性"的感受，融进画里，力透纸背。

齐白石自称"耕砚牛"；老舍先生也自取雅号"文牛"……

总之，由于牛对人类的帮助，人类便对它产生了一种特殊的情感。这种情感深深地隐藏在人们的潜意识之中，这种情感的升华，就是人们对牛的神化，把牛当作神灵来对待，以信仰和宗教的形式来表达对它的感激之情。

（五）牛是开拓精神的象征

千百年来人们都在赞扬任劳任怨、默默奉献的"老黄牛""孺子牛"精神，但随着时代演进，人们又赋予中华牛一种新的精神符号——"拓荒牛"。1984 年深圳标志性雕塑"拓荒牛"诞生：四蹄坚挺、肩脊突起、埋头奋进，显示了一种奋力开拓的生动气韵（图 3-1）。

图 3-1　深圳的标志性雕塑"拓荒牛"

在中华民族精神史上，那些不畏流血、不怕牺牲、奋力改革的人，均可称其为"拓荒牛"，比如商鞅、屈原、晁错、谭嗣同、秋瑾等。不改革，一个民族就没有生机和活力，就没有希望和出路。因此，今天的"拓荒牛"是对深圳人敢为天下先精神的经典概括，也是新的历史条件下中华民族赋予牛的新审美内涵。

勇当"拓荒牛"，就要奋斗在先、奉献在先、敢为人先。在"拓荒牛"面前，即便是荆棘丛生的莽原，或是寸草不生的荒漠，"拓荒牛"依然是头顶青天、肩负重犁、勇往直前，不用扬鞭自奋蹄。正是这种"拓荒牛"精神，才把崎岖化为通途，才把坎坷变成大道，才开创发展出一片新的天地。

总之，牛是一种图腾，牛是一种精神，牛代表了一种力量，牛也是中华民族在精神层面的宝贵资源。一些经典的牛意象，已经定格为中华民族精神的肖像画，它将激励着中华民族不断完善自我、超越自我、创新自我、勇往直前。

二、古人对于牛的崇拜

我们的先民认为万物有灵，希望某些动物的特性能转移到人的身上。在先民看来，人和动物之间存在某种神秘的联系。通过长期的经验积累，他们对某些动物所具有的特殊本领产生了一种畏惧或羡慕的心理，又由这种畏惧和羡慕心理而产生崇拜之情，并希望这些动物的某些特性能转移到自己身上来。

比如，先民们希望自己能像牛一样有力，像马一样飞奔，像虎一样勇猛等。因此，他们会用动物来命名氏族，并将这种动物的名号用于自身，以寄托像动物一样强健、有力、勇猛等美好愿望。在众多的图腾中，牛与人类的关系最为密切，也受到了先民们的普遍崇拜。

由于牛对早期人类社会的发展和生存做出了巨大的贡献，所以，那时的某些氏族或民族往往就把牛当作自己的图腾来崇拜。在《山海经》中，就描绘了不少牛头人身或人面牛身的半人半牛神的形象，这恐怕就是当时牛图腾的现实反映。比如在《西山经》中，西次二山共十七山，由十七位神管辖，其中的七神就是人面牛身。又相传，曾与黄帝争天下的蚩尤就是"人身牛蹄，四目六手，耳鬓如剑戟，头有角"（据《述异记》）。这种把牛当作始祖或保护神来崇拜的情形，在今天我国的一些少数民族中仍有遗存。

（一）牛首人身的神农氏

中华民族是炎黄子孙，炎帝是中华农耕文明的创始者。在传说中，他是一位对中华民族文明发展有过不朽功勋的伟人。炎帝神农氏本为姜水流域姜姓部落首领，后来发明农具，以木制耒，教民稼穑、饲养、制陶、纺织及使用火。炎帝功绩显赫，其出身也被人们冠以了神秘的色彩。据《三皇本纪》载："神农氏，姜姓以火德王。母曰女登，女娲氏之女，感神龙而生，长于姜水，号历山，又曰烈山氏。"《帝王世纪》云："神农氏……有蟜氏女，名女登：为少典妇，游于华阳，有神龙首，感生炎帝，人身牛首。"

神话中讲得最多的是炎帝对我国农业耕作的发明。他教人们开垦土地、播种五谷，带动了原始社会后期由渔猎畜牧向农田耕作的转变和发展。清马骕《绎史》卷四引《周书》："神农之时，天雨粟。神农遂耕而种之，作陶冶斧斤，为耒耜锄耨，以垦草莽。然后五谷兴助，百果藏实。"晋王嘉《拾遗记》卷一："炎帝时，有丹雀衔九穗禾，其坠地者，帝及拾之，以植于囚，食者老而不死。"

据《白虎通》记载："古之人民皆食禽兽肉，至于神农，人民众多，禽兽不足，于是神农因天之时，分地之利，制耒耜，教民农作，神而化之，使民宜之，故谓之神农也。"而后他教人们始种五谷以为民食，制作耒耜以利耕耘，遍尝百草以医民恙，制麻为布以御民寒，陶冶器物以储民用，削桐为琴为怡民情，日中为市以利民生，剡木为矢以安民居，重演八卦以探天象等，对中华民族的生存繁衍和发展做出了重要贡献。

作为以"大德"闻名于世的三皇之一，炎帝还有一件伟大的功劳，就是发明了中医药。神农尝百草的神话，流传久远，至今不衰。《史记·补三皇本纪》谓："神农氏作蜡祭，以赭鞭鞭草木，尝百草，始有医药。"西汉初年的古书《淮南子·修务训》记载："神农尝百草之滋味，一日而遇七十毒。"神农氏跋山涉水，尝遍百草，找寻治病解毒良药，以救夭伤之命，后因误食"断肠草"肠断而死。

正是人称"牛首人身"的炎帝，用以身实践和勇于探索的精神，奠定了我国中医药学的基础，并开创了中华民族的中医药学文化。后人为了纪念他的功绩，将我国第一部医药学著作命名为《神农本草经》。

《史记·补三皇本纪》和《绎史》引《帝王世纪》中，描述神农氏的形象为"牛首人身"，这说明炎帝始祖是一个以牛为图腾的氏族。作为渔猎时代重要家畜的牛，在当时已经成为主要的畜力，在原始农业生产中发挥了巨大的作用，给人们的生活带来了极大的便利，因而受到人们的推崇，并将其尊为图腾。而发明原始农业的神农氏，自然也就赢得了人们的尊崇，其形象也被描绘成具有牛的特征。传说中"牛首人身"的炎帝形象，正是原始时代人们图腾崇拜意识的反映。

（二）道教传说中的仙牛

牛被认为是有灵性的动物。在道教传说中，老子就是骑着青牛西出函谷关的。

老子（约公元前570—前470），字伯阳，谥号聃，又称李耳（古时"老"和"李"同音；"聃"和"耳"同义），是楚国苦县厉乡曲仁里人。

据传，被道教奉为太上老君的老子生于天皇氏之初，通晓天然之理，在天界被称为"万法之师"，后寄胎于玄妙王之女理氏腹中。理氏在村头的河边洗衣服，忽见上游漂下一个黄澄澄的李子，理氏忙用树枝将这个拳头大小的黄李子捞了上来。到了中午，理氏又热又渴，便将这个李子吃了下去。从此，理氏怀了身孕，并生下一个男孩。这男孩一生下就白眉白发，白白的大胡子，而且生下来就会走路，他走到一棵李树下，言树的名字就是他的姓。

老聃自幼聪慧，静思好学，年少便博览泛观，通礼乐之源，明道德之旨，名闻遐迩，声播海内。春秋时称学识渊博者为"子"，以示尊敬。因此，人们皆称老聃为"老子"。孔子曾向老子问礼，并说："吾所见老子也，其犹龙乎？学识渊深而莫测，志趣高邈而难知；如蛇之随时屈伸，如龙之应时变化。老聃，真吾师也！"

周敬王四年（公元前516年），周王室发生内乱，老聃受牵连而离宫归隐，骑一青牛，欲出函谷关，西游秦国。此时函谷关守关官员是尹喜，其夜晚立楼关之上凝视星空，忽见东方紫云聚集，其长三万里，形如飞龙，由东向西滚滚而来，飘浮在函谷关上空。于是关令尹喜便派人清扫道路四十里，夹道焚香，以迎圣人，并得老子以《道德经》相授。"紫气东来"的典故也正源于此。

《道德经》五千言（又称为《老子》），是老子的存世之作。其作品的精华是朴素的辩证法，老子主张无为而治。老子学说对中国哲学发展具有深刻的影响，与《易经》和《论语》一同被认为是对中国人影响最深远的三部思想巨著。

由于老子是道教的创始人，而老子又喜欢骑青牛出游。所以，老子骑坐的青牛也就成了中国道教文化中的一个著名的意象。青牛后来就演变成了神仙道士的坐骑了。

道教神话中的牛形象，也体现了我国民间对牛的信仰意识。

（三）汉族先民对牛的图腾崇拜

农耕的开创与发展，是远古先民在征服自然中取得的胜利。作为农耕时代重要耕畜的牛，其作用也越来越突出，在许多地区的民间都曾经存在过对牛图腾崇拜的习俗。

古代秦国就有对"牛王"信仰，他们还曾为"牛王"立祠祭祀。秦人信仰的"牛王"即"牛神"。秦人为牛立祠，并为之祭祀，视其为"牛王"，足见秦人对牛特别是公牛心存敬意。

古代很多地方都有牛王庙，但是他们称"牛神"为"牛神冉真人"。这源于牛神的另一个传说。传说"牛王"是孔子的学生冉耕。冉耕是春秋末期的鲁国人，字伯牛。他为人友善正派，善于待人接物。在孔子的弟子中，冉耕以德行与颜渊、闵子骞并称，但其因患恶疾而早逝。孔子哀叹其"亡之，命矣夫！"传说冉耕因喜好农耕，所以死后被玉帝封为"牛神"，专司人间饲牛、耕作等事宜。

其实，冉耕之所以被奉为"牛神"，或有两种可能。其一，因冉伯牛的名字中有"牛"和"耕"两字，与农耕用牛相合；其二，清李绿园《歧路灯》第101回道："唐宋间农民赛牛神，例画百牛于壁，名'百牛庙'，后来讹传起来，便成冉伯牛庙。"

但是，在古代牛确是与民众生活息息相关的重要耕畜，其对于农耕的作用甚大，所以被供奉为"牛王"或"牛神"，也是当时人们对保护耕牛、家畜身强力壮、不染瘟疫的一种期望。这其实恰是古人对牛图腾崇拜的一种延续。

牛也是汉族的一大姓氏。牛姓在汉族地区广为分布，这从另一个角度说明汉族先祖曾以牛为氏族或部落图腾这一原始文化现象。

（四）少数民族对牛的图腾崇拜

在我国众多的少数民族中，以牛为民族或氏族部落图腾的为数很多。

传说中，蚩尤就是牛首人身的形象。《述异记》描述蚩尤"人身牛蹄，四目六首，耳鬓如剑戟，头有角"。与蚩尤部落有一定渊源的苗族至今仍然十分崇拜牛，这说明蚩尤部落也是以牛为图腾的。蚩尤领导的三苗九黎与黄帝炎帝部落逐鹿中原，使各部落的诸多氏族融合，促进了华夏民族的融合发展。

古契丹族就是以青牛白马为图腾。据《辽史》卷三七《地理志》记载，契丹人的先祖最初为青牛和白马两个氏族，青牛和白马就是契丹人的氏族图腾。后来又由这两个氏族繁衍出了八部，他们也都是奉青牛和白马为共同的图腾。而"以青牛白马祭天"，则是契丹人的一种传统习俗。

哈尼族有牛创世的神话。他们认为是"龙牛化作世间万物"，每年夏历二月的第一个属牛日就是他们的祭母节。全寨人聚集在一棵象征母体的大树下，纪念母亲的养育之恩。祭母日在牛日举行，这说明牛与"母"的关系很密切。

怒族和德昂族都流传着牛图腾的传说，并有禁止伤害牛的禁忌。德昂族的许多村寨，在其寨旗上都还绘有牛的形象。

壮族民间传说中也有关于牛图腾的传说。这些传说逐渐形成了"牛王节"，节日期间人们禁止吃牛肉，并以此来表达对牛的敬意。

布依族认为牛是他们的保护神，并视牛为自己的祖先，还将牛、白水牛等作为氏族的图腾。他们还认为，牛的灵魂是善神，能保佑全家平安并赐福后代。所以，在他们的服饰习俗中，所戴的帕子总要留两个角，模仿图腾的形象，并希望以此获得神灵的保佑。而牛头或牛角，通常会被钉在门框或椽子上，以作镇宅用。

侗族人以牛为图腾，并形成了许多与牛有关的民间习俗。"牛王宫"

是侗族村落中具有神圣色彩的地方。这里也是专门饲养斗牛的地方，除了被称作"牛公公"的饲养者之外，其他人是要自觉回避的。这些被专门饲养的斗牛，在节庆日时会尽情角逐。这些习俗也是伴随着牛图腾崇拜意识长期渗透而形成的。

黎族视水牛为祖先，自称为"水牛之子"。有些地区的黎族会珍藏牛魂石。每逢三月、七月、十月，牛的主人会给牛喝"牛魂石"泡过的酒，并进行祭告山神的仪式。有些地方还形成了与此相关的"牛魂节"。

云南牛姓彝族人视水牛为自己氏族的图腾。他们认为水牛曾有恩于他们，是他们的先祖，并以牛为姓氏，即水牛氏族。对牛的图腾崇拜表现在他们的日常禁忌上。彝族水牛氏族禁止屠杀、食用、骑坐甚至接触水牛，否则会受到惩罚。这也反映了水牛氏族图腾崇拜和图腾禁忌的心理。

牦牛是生活在青藏高原上藏民的图腾。在藏族的史籍和民间传说中，都有牛图腾的内容。藏民中流传的雅拉香波山神、底斯山神都是牦牛的化身。藏族的甲绒人是古牦牛羌的后裔，他们世代尊奉牦牛。其家中都有"牛首人身"的图腾神像，用来作为保护神祭奉。据藏族英雄史诗《格萨尔王传》记载：藏族英雄格萨尔用神兵收复红铜角野牦牛后，用牦牛的头和角降服敌国，震慑四方妖魔。

后来分化成许多支系的古羌人的图腾中也有牛。据《后汉书·西羌传》记载，古羌人"或为牦牛种，越巂羌是也；或为白马种，广汉羌是也；或为参狼种，武都羌是也。"牦牛、白马、参狼等动物，实际上就是古羌人尊崇的图腾。

彝族有一部分是古代牦牛羌的后裔。在《什列虎氏族源流》中有记述，其古氏族就是在战争中以牦牛为图腾的"三千神牛"军队。今天在四川、云南地区的一些彝族人，在为老人举行葬礼时，男青年要肩披牦牛尾为死者表演隆重的舞蹈。

总之，牛被驯化为家畜后，便成为在农耕生产中具有突出贡献动物，并由此博得了人们的崇拜和崇敬。因此，我国各地各民族的人们，在不同的时间段都曾有过对牛的崇拜或尊牛为图腾的经历。

第四章

与牛有关的故事与民间传说

一、与牛有关的故事

（一）宁戚饭牛而歌

宁戚投奔齐国之时，是为了投身于商人的门下，他是替人赶着牛车来到齐国的。一天傍晚，他们露宿于齐国都城郭门之外、康浪河边。此时恰逢齐桓公出郭门来迎客，正在车下喂牛的宁戚见了就开始击牛角而唱歌。宁戚边击牛角边唱歌，因而引起齐桓公的注意，并且由此受到齐桓公的重用。这则故事流传甚广，就连楚国大诗人屈原也在《离骚》中歌而咏之："宁戚之讴歌兮，齐桓闻以该辅。"

汉代王逸对于"宁戚饭牛而歌"注曰："宁戚，卫人；该，备也。宁戚修德不用，退而商贾，宿齐之东门外。桓公夜出，宁戚方饭（喂）牛，叩角而商歌：'南山矸，白石烂，生不逢尧与舜禅。短布单衣适至干，从昏饭牛薄夜半，长夜漫漫何时旦！'桓公闻之，知其贤，举用为客卿，备辅佐也。"

宁戚在齐国任职后，主持开垦农田、兴修水利，并兴鱼盐之利。他奖励垦荒、薄取租赋，在他的治理下，齐国的农业发展很快。而且宁戚还总结出了许多有价值的生产经验和管理思想，使齐国很快富裕强盛起来。

宁戚饭牛而歌，从而被重用，这则故事成为历代文人墨客、贤人志士感叹抒怀的对象，他们都盼望能遇上"不计出身、唯才是举"的明主。比如，唐代诗人李咸用有诗云："谁听宁戚敲牛角，月落星稀一曲歌"。

（二）"盗牛者死"与"丙吉问牛"

在秦汉时期，牛耕开始广泛普及，养牛备受重视。《风俗通义》上称，牛为"百姓所仰，为用最大，国家为之强弱也。"秦国率先制定了保护耕牛、鼓励养牛的"厩苑律"。汉代的刘安在《淮南子·说山训》中说："杀牛，必亡之数。"汉代官府更是制定了"盗牛者死"的严厉法令。

据《汉书·丙吉传》记载，西汉宣帝时的丞相丙吉，有一天到长安城外去视察民情，路上正好遇上一起斗殴死伤的事件，不过丙吉却不闻不问，继续赶路。而当他看见路旁一头牛走得气喘吁吁、热得直吐舌头的时候，却马上命车夫停下车子，并派随从去问那赶牛的人："你赶这头牛走了几里路了？怎么把牛累成这个样子？"

丙吉的下属讥笑他说："丞相，您是不是搞错了。怎么该问的不问，不该问的却问个没完没了？"丙吉意味深长地说："百姓相斗而死伤了人，这种事就让长安令、京兆尹去处理就行了。作为当朝丞相，不必去过问这些地方小事。现在正是春季，如果牛走不远就喘得那么厉害，可能是因为天气太热了。若是春天不该热而热，那说明节令失常，节令失常就会对农业危害很大。因事关全局，我身为丞相，就一定要弄清楚，做到心中有数。所以才会亲自过问此事。"

这个故事从一个侧面说明，耕牛在汉代社会生活中占据着重要的地位，连一头牛出现了问题，都能引起当朝宰相的关注。

在封建社会，官府一般都禁止任意宰牛。这是因为，一个以农耕为主的民族，必须要保障一定的耕牛数量，才能保证民众的衣食有着、安居乐业。由于历朝历代都禁止宰牛，因而民间的普通老百姓一般是不吃牛肉的。

（三）于仲文断牛案

宋代郑克《折狱龟鉴》中的《擿奸》篇，记载了于仲文断牛案的故事。所谓"擿奸"，就是指使用一定的手段，来揭露隐秘的奸人与其做过的坏事。

据记载，后周（五代十国时期）时，有个十分聪明的少年，名叫于仲文，少年时就善于观察，长于断案。这天，有个村子里一户姓任的和一户姓杜的各丢了一头牛。两户人家都派人出去寻找，但只找回了一头牛。任家和杜家都说这牛是他们家的。双方争执不下，便告到州府里。州官也无法判定这头牛是谁家的。这时，有人建议请于仲文来帮助断案。州官也听说过于仲文长于断案，便叫下属把于仲文请来。

于仲文问清有关情况后，把任家和杜家的人一起找来。当着他们的面，于仲文叫人用鞭子狠命地抽打那头牛，他则在一旁冷眼观察。当他看见任家的人很是心疼，而杜家的人却一点也不在乎时，心里便有了判断。接着，他又不漏声色地让两家各自把自家的牛群赶过来，并把被打的牛放开，只见那头牛直奔任家的牛群而去。

于是，于仲文立即判定，那头牛就是任家的。于仲文当场就谴责了杜家人，杜家人见状，自知理亏，只好当众认错而去。

其实，家养的牛是具有一定社会性的群居动物，它们通常喜欢一起进食、一起休息，个体之间还会通过动作与声音进行交流。比如，它们会用牛头相互顶撞、互相舔舐对方的身体等。小牛犊出生后数月，就开始学习这些交流方式。牛具有上述习性，应该说是乡村生活中的常识。但是，一般人平常不注意观察，而于仲文是个善于观察的人，他深知人与牛的情感，也了解牛群的习性。因此，让于仲文来断此案，就能很快得出正确的结论。

（四）"八百里"

据《世说新语·汰侈篇》记载：东晋王恺有一头宠物牛，名叫"八百里"。王恺非常喜欢这头"八百里"，认为它是个神物，没事就让人把荧粉涂在牛角和牛蹄子上，这就跟现代人喜欢给汽车打蜡一样。

有一次，驸马王济和王恺打赌比赛射箭，要王恺以这头"八百里"作为赌注，王济下的赌注是一千万钱。王恺觉得王济的射箭技艺不如自己，便不假思索地答应了。结果，王济若有神助，一箭正中靶心，王恺的神物"八百里"当下就输给了这位驸马爷。王济马上命令宰杀了这头牛，并把牛心烧着了吃，这头"八百里"转眼就变成了一堆牛肉。

在后来的文学作品中，常用"八百里"来喻指牛。比如，南宋大词人辛弃疾有一首著名的《破阵子》就用到了这个典故。词云："醉里挑灯看剑，梦回吹角连营。八百里分麾下炙，五十弦翻塞外声，沙场秋点兵。马作的卢飞快，弓如霹雳弦惊。了却君王天下事，赢得生前身后名。可怜白发生！"后人解此词时，大多都不明白"八百里"之出典，望文生义者多矣。而实际上，这里的"八百里"就是指那头被煮着吃了的牛。

（五）和尚捞铁牛

宋朝时，有一次黄河发大水，冲断了河中府城外的浮桥。拴浮桥的八个铁牛也被大水冲进淤泥之中。

洪水退却以后，为了沟通两岸，必须马上重修浮桥。可是，一只大铁牛有几千斤重，怎么才能把铁牛从淤泥中捞上来呢？有谁能担此重任呢？人们议论纷纷，谁都没有主意。

这时，一个名叫怀丙的和尚说到："我来试试吧。铁牛既然是被水冲走的，那我就还叫水把它们送回来。"人们听了连连称奇。

怀丙和尚先让熟悉水性的人潜到水底，摸清铁牛沉在何处。然后，他让人准备了两只大木船，船舱装满泥沙，慢慢地行驶到铁牛沉没的地方。船停稳了，他就叫人把两只船并排拴在一起。然后再用结实的木料搭个架子，横在两只船上，再用一根粗绳一头拴住铁牛，一头拴住架子。

紧接着，怀丙和尚让水手们把船里的泥沙都铲进黄河里。船里的泥沙慢慢地减少了，船身也慢慢地向上浮起。靠着水把船慢慢向上托起的浮力，水底的铁牛也被一点点地从淤泥中拖了出来。这时怀丙让水手驾船回到岸边，一只大铁牛也就被拖回了岸边。

怀丙和尚又用同样的办法，把其他七只大铁牛都拖了回来。浮桥终于重新修起来了，八头大铁牛又重新屹立在黄河两岸。

由于怀丙和尚使得妙法使得八头大铁牛重归黄河两岸，人们都认为怀丙是个智力超群的人，他的这一事迹也被当地人传颂至今。

（六）老牛自救的故事

有个农夫养了一头牛，多年种庄稼都离不开这头牛的辛苦耕耘。岁月流逝，小牛也变成了一头老牛，一家人早就把这头老牛当成了自己家庭的一员。这头老牛很通人性，老实忠厚，干活也很踏实。

一天，农夫牵着这头老牛从野外回家，一不小心老牛掉到了猎人挖的陷阱里。那个陷阱口很小但是很深，原本是用来捕获野兽的。老牛在陷阱里凄惨地叫着，但是农夫一个人根本没办法把它救出来。

于是农夫赶快回村里叫人，村子里来了十几个壮汉。但是，那个陷阱口太小，老牛也太重，十几个人根本没有办法把老牛从陷阱里拉上来。

于是就有人劝这位农夫，它已经是一头老牛了，我们也已经尽力救它了，但是实在是救不出来，不如就把它埋了吧。农夫也实在是无奈，只好放弃。

牛还是在井里痛苦地哀嚎，村里人开始不断地向陷阱里填土。当土一铲一铲地落到老牛的背上时，老牛马上意识到是怎么回事了。出人意料的是，这头老牛不再哀嚎而是安静下来。农夫好奇地探头朝井里看，那头老牛不停地晃动着身躯，将落到背上的土迅速地抖落，让泥土落在脚下，自己则不停地挪动脚步，老牛始终站在泥土之上。结果，老牛把落在它身上的泥土当做了自救的台阶。农夫也终于明白了，这是老牛在自救啊。

于是，农夫让村民加快向陷阱里填土。没过多久，随着泥土不断掉落下来，老牛一步一步地站到了井口，并且纵身从陷阱中跳了出来。在众人惊奇的目光下，老牛离开了陷阱，跟着农夫回到村子了。

（七）牛郎织女的爱情故事

相传在很早以前，南阳城西牛家庄里有个聪明、忠厚的小伙子，人们都叫他"牛郎"。因父母早亡，牛郎只好跟着哥哥嫂子度日。嫂子马氏为人刻薄而狠毒，经常虐待他，总是逼他干很多很重的农活。

有一年的秋天，嫂子逼他去放牛，交给他九头牛，却让他等有了十头牛时才能回家。牛郎无奈，又不敢辩驳，只好赶着牛出了村。

牛郎独自一人赶着牛群进了山，在草深林密的山上，他坐在树下伤心，不知道何时才能赶着十头牛回家。这时，有位须发皆白的老人出现在他的面前，问他为何事伤心。当得知他的遭遇后，就笑着对他说："别难过，在伏牛山里有一头病倒的老牛，你去好好喂养它，等老牛病好以后，你就可以赶着它回家了。"

　　牛郎翻山越岭，走了很远的路，终于找到了那头有病的老牛。他看到老牛病得很厉害，就去给老牛打来一捆捆草，一连喂了三天，老牛吃饱了，才抬起头告诉牛郎："自己本是天上的灰牛大仙，因为触犯了天规才被贬来下界，摔坏了腿，无法动弹。自己的伤需要用百花的露水洗一个月才能好。"

　　牛郎不畏辛苦，细心地照料了老牛一个月，白天为老牛采花接露水治伤，晚上就依偎在老牛的身边睡觉。等到老牛病好以后，牛郎就高高兴兴的赶着十头牛回了家。

　　回家后，嫂子对他仍旧不好，并且曾经几次要加害于他，每次都是被那老牛设法相救。嫂子最后恼羞成怒，就要把牛郎赶出家门。牛郎也没有争辩什么，只是要了那头老牛相伴而出。

　　一天，天上的织女和诸位仙女一起下凡游戏，在河里洗澡。牛郎在老牛的帮助下，认识了织女，二人互生情意。后来织女便偷偷下凡，来到人间，做了牛郎的妻子。织女还把从天上带来的天蚕分给大家，并教大家养蚕、抽丝，织出了又光又亮的绸缎。

　　牛郎和织女结婚以后，他们男耕女织，情深义重，并且生了一男一女两个孩子，一家人生活得很幸福。但是好景不长，这件事很快就被玉帝知道了，王母娘娘强行把织女带回天上，这对恩爱夫妻就这样被拆散了。

　　牛郎上天无路，整日里很苦闷。还是老牛理解牛郎的心思，于是就告诉牛郎：在它死后，可以用它的皮做成鞋，穿着就可以上天。

　　牛郎按照老牛的话做了，穿上牛皮做的鞋，拉着自己的儿女，一起腾云驾雾上天去追织女。眼见就要追到了，岂知王母娘娘拔下头上的金簪一挥，一道波涛汹涌的天河就出现了，把牛郎和织女隔在天河的两岸，他们只能泪眼相对。

　　牛郎和织女的忠贞爱情感动了喜鹊，千万只喜鹊飞过来，搭成鹊桥，让牛郎和织女走上鹊桥相会。王母娘娘对此也很无奈，只好允许两人每年七月初七在鹊桥上相会。

(八)《西游记》中的牛魔王

　　《西游记》中的牛魔王，原是孙悟空做妖精时的结拜兄弟。他由牛修炼而来，具有牛的很多特征，所以才会"双眼光如明镜，两道眉艳似红霓。口若血盆，齿排铜板。吼声响震山神怕，行动威风恶鬼慌"。他和夫人铁扇公主，因记恨孙悟空降服儿子红孩儿，而不肯将芭蕉扇借给孙悟空灭火焰山的火，因此，也就挡了唐僧师徒一行去西天取经的路。

由此，牛魔王与孙悟空和猪八戒发生了争斗。他秉性凶顽，法力一流。在与孙悟空、猪八戒的争斗中，牛魔王骁勇善战，打到最后还是现出了原形："一只大白牛，头如峻岭，眼若闪光，两只角似两座铁塔，牙排利刃。连头至尾，有千余丈长短，自蹄至背，有八百丈高下""他东一头、西一头，直挺挺光耀耀的两只铁角，往来抵触；南一撞、北一撞，毛森森、筋暴暴的一条硬尾，左右敲摇"。

如此的猛兽，连孙悟空也难以将它降伏。最后在天兵天将的帮助下，哪吒才得以跨在他那颈项上，一把拿住其鼻头，将缚妖索穿在鼻孔中，用手牵住。在《西游记》中，着重描写了牛魔王那股不肯服输、不断争斗的牛劲。

二、与牛有关的民间传说

（一）牛是年变的

在民间传说中，最早只有年（一种凶猛的动物），而没有牛，并认为牛是由年演变而来的。仅仅从字迹的外形来看，"牛"和"年"两字确实有些相像。据传说，年，长了一只凶狠的独角，是一种身体庞大、青面獠牙的猛兽。每到腊月三十的晚上，年就会闯入农家，祸害百姓。

太上老君得知此事后，就施展法术，将年降服，并作为自己的坐骑，封其为"独角牛神"。年曾经一度变得很听话，但其恶性始终未改，一有空闲依旧到人间闯门户、扰百姓，弄得老百姓家家关门闭户。玉帝知道后大怒，想把年处死。后来还是太上老君启奏玉帝说："年虽作恶多端，但其身魁体壮，就割去其独角，让它长两只弯角，变为牛吧。以后就让他只吃素不吃荤，世代服劳役，听人间的老百姓使唤。"玉帝听罢准奏。

从此，年就变成了长着两只弯角的牛，而且以吃草为生。为了彻底降服牛，太上老君还将一个金属环子套在牛鼻子上，这样牛就只能乖乖地听人摆布，为农户耕田了。人们常说的"牵牛要牵牛鼻子"，就是从此而来的。

（二）白牛斗青牛

相传秦昭王时，任命李冰为蜀郡太守。李冰征发民工，在岷江流域兴建了都江堰，用来灌溉成都平原的土地。当时的江神每年都要娶当地的两位少女作为妻子，李冰为了劝阻江神，毅然牺牲了自己的爱女，把她献给江神为妻。

但是，江神仍然经常出来兴风作浪，李冰十分愤怒，便去严厉地斥责它。结果江神大怒，化作一只青牛，朝李冰撞来，李冰也变成一只白牛，和那青牛角斗起来。两牛从岸上斗到水中，打得十分激烈，不分胜负。

晚上休战的时候，李冰招来手下的武官说："我明天还要去和江神决斗，看来单靠我一个人是很难战胜它的。明天你们到江边去，一定可以看到一头白牛和一头青牛在决斗。那白牛就是我，那青牛就是江神。你们可助我一臂之力，帮我杀死江神。"那些武官同意了。

第二天，武官们来到江边，果然看到白牛和青牛在搏斗，于是便合力杀死了青牛。江神终于被铲除了，岷江也被驯服了，从此岷江变得风平浪静、波澜不惊。

（三）神牛溺金

汉武帝时，在长沙西南的一个渡口，一个农夫牵着一头红牛走了过来，他边走边问："喂！有渡船吗？我要过河。"渡口的艄公听到有人要过河，就撑出一只小船，问到："你是要过河吗？"那农夫回答说："我想带这头牛到对岸去。"

艄公看了看那头红牛，摇摇头说："要渡你过河没问题。可我的船很小，恐怕载不动这头牛啊！"农夫回答说："不会让你的船超重的，我和牛肯定都可以上船，你就放心好了。"艄公听了，便很勉强地让农夫和红牛上了船。

船到江心，那头红牛竟然在船上拉了一堆牛屎，农夫笑着对艄公说："我的牛很感激你渡它过河，所以就送给你一堆礼物。"艄公听了十分生气，狠狠地瞪了农夫几眼。

渡船终于到了对岸，农夫牵起他的红牛就走了。那艄公想用桡桨把牛粪拨到江中去。没想到他仔细一看，那堆牛粪竟然是一堆金子。

艄公惊奇极了，这才明白了刚才那位农夫说过的话。艄公知道渡河的农夫不是凡人，那头红牛也不是一头普通的牛，而是一头神牛。

他赶紧弃船上岸，想去追赶那农夫。可是，那农夫牵着红牛一眨眼的功夫便进入山岭不见了。后来，当地的人们便把那座山岭称作"金牛岭"。

（四）老子降服青牛的传说

据传说，在老子八九岁时，太清宫南面的一座大山上，突然出现一群怪物。这群怪物猛看似大象，蹄子碗口大，两角头上长，两眼似铜铃，一叫惊虎狼，人们都称它们为神牛。这种神牛凶猛得很，见物咬物，见人吃人。没过多长时间，太清宫南面的大山上就被它们闹得几乎路断人绝。

一天，八九岁的老子和本村的孩子二子瞒着大人，一起去南山下割草、做游戏。突然哞的一声叫，从山上冲下一头神牛，直朝他们扑过来。老子看见那牛，气得火冒三丈，心想：这畜生不干好事，今天我非给它点儿厉害看看。他举起镰刀，朝那牛屁股上狠劲砍去，只见那牛痛得一蹦老高，屁股上只露了个镰把。那牛顾不得吃他们了，撒开蹄子就往山上跑，一口气跑到半山坡，钻进一个很大的洞里。

老子和二子正准备跟进洞里，突然传来一声吼叫，震得山坡直打颤。紧接着，一头比刚才那牛大一倍的青牛从山洞里蹿出来，扑到二子身上，朝着二子低头就抵。老子见状，猛扑上去，用手里的乾坤圈对准大青牛的上牙就是一下。咔嚓一声，大青牛的上排牙就被砸掉了。

这大青牛恼羞成怒，低下头，伸出舌头，一下就把二子吃进肚子里。老子怒从心中起，猛地站起身，一把抓住牛角，骑上了牛背，摘下乾坤圈，用劲折断，把牛鼻子牢牢穿住，又跳下牛背，捡起二子的镰刀把牛蹄子切成两半。老子又使劲一托大青牛的肚子，把它肚子里的东西全都挤了出来，二子也跟着出来了。

此后，老子就专门驯养那群牛，只许它们吃青草，还教它们拉犁、拉车，并把驯养好的牛都送给周围的乡亲们用来耕田和拉车。

（五）黄牛助禹开峡

在中国民间，大禹治水的故事，历来传颂不绝。传说禹在开凿巫峡后，经历千难万险来到西陵峡，只见一座座大山横立在江中阻拦着江水。禹驱使各种神兽也无力开通，正在万分焦急之时，神女奏请玉帝派土星下凡助禹开峡。土星化作一头力大无比的黄牛，一声吼叫，山崩地裂。一对锐角，劈开一条十数丈宽的峡道，使江水奔出峡门直泻东海。以后人们为了纪念助禹开峡的神牛，就将此峡起名为黄牛峡。

为纪念黄牛助禹开江有功，人们还在山下修了一座黄牛庙，来祭祀黄牛。宋朝文学家欧阳修任夷陵县令时，认为神牛开峡事出无稽，只信大禹治水，故将黄牛庙改称为黄陵庙。此庙始建于汉代，屡罹兵焚，多次重修。现仅存明万历四十六年（1618）重修的禹王殿、武侯祠等。庙的主体建筑是古人为纪念夏禹而建的禹王殿。此殿富丽堂皇，由36根两人合抱的楠木主柱支撑，柱上浮雕九条蟠龙，形态各异，栩栩如生。

其中有一根"水女柱"立正殿之左侧，其离地约四米的柱面留有历经120多年的陈旧水迹。柱上挂着一木牌，上书"庚午年洪水至此"。这是珍贵的水文资料，记录了有史以来长江最大的一次洪水。庙内还存有许多记载洪水水位的碑刻。

禹王殿的右侧是武侯祠。三国时期，蜀相诸葛亮入蜀时途经黄牛庙，在殿前竖立了一块石碑。碑文中写道："赴蜀道，履黄牛，因睹江水之胜，乱石排空，惊涛拍岸，剑巨石于江中，崔嵬，列作三峰，平治泽水，顺遵其道，非神扶助于禹，人力奚能致此耶？……孰视于大江重复石壁间，有神像影现焉，鬓发须眉，冠裳宛然，如彩画者。前竖一旌，右驻一黄犊，犹有董工开导之势。古传所载，黄牛助禹开江治水，九载而功成，信不诬也。"

从诸葛亮的记述中，足见黄牛助禹开峡的传说是足够的久远。

第五章

与牛有关的节令与民俗活动

一、与牛有关的节令

（一）冬令里的立土牛（塑土牛）

冬季里在大寒节气有立土牛的风俗。立土牛的古俗见于《后汉书·礼仪志》中，其讲季冬月份："是月也，立土牛六头于国都江堰市郡县城外丑地，以送大寒。"

冬季漫长，人们总会盼春归、思春暖，恨不得一下子就走出冬季。这便产生了立土牛送走寒气的说法。据《礼记·月令》载："季冬之月，命有司大傩旁磔，出土牛，以送寒气。"郑玄注曰："土牛者，丑为牛，牛可牵止也。"这是说立土牛的习俗与十二生肖丑有关。

在《月令章句》中，则强调了季冬之月建丑："是月之建丑，丑为牛。寒将极，是故出其物类型象，以示送达之，且以升阳也。"意思就是，此时塑牛，期望牛能拉走寒冬（即土牛送大寒）。

关于土牛的符号意义，明代方以智在《能雅·天文》中引用了这样的话："土胜水，牛善耕。胜水，故可胜寒气；善耕，故可以示农耕之早晚。"土牛，恰是土与牛两个符号的组合。土与牛可以表示农耕的意义。

季冬立土牛的习俗，后来与迎春习俗合二为一，土牛演变成了劝耕的春牛。宋代袁文在《瓮牖闲评》中说：出土牛以送寒气，此季冬之月也。

牛为丑神，出之所以速寒气之去，不为人病耳。而今乃用于立春之日，皆所不晓。

（二）立春时节鞭春牛

鞭春牛，又被称为鞭土牛、唱春牛、跳春牛、春牛会等，是农历立春时节的一项活动。其中的"春牛"，可以是土牛、纸牛或者活牛。据高承《事物纪原》中说：从周公开始，就制定有立春鞭土牛的活动，以表示农耕早晚。后来盛行于唐、宋两朝。唐代诗人元稹在《生春》诗中就写出了古人送冬迎春的诗句："鞭牛县门外，争土盖春蚕。"在宋朝景佑元年（1034），全国颁行了《土牛经》。鞭春牛的风俗传播范围迅速扩大，遍及乡里，成为一种民俗文化并且固定流传下来。

在南宋的立春之日，民间有春官送"春牛图"来预兆丰收的习俗，也被俗称为"打春牛"。送"春牛图"，寓意着对幸福的憧憬和对丰收的祈求。据《武林旧事》记载：立春的前一天，临安府制造大春牛，陈列在福宁殿，供皇帝和人们观看。内官都用五色彩杖鞭打春牛，以迎春。据《梦粱录》记载：人们迎接小春牛于富贵人家，以表示丰收的吉兆（图5-1）。

清康熙《济南府志·岁时》云："凡立春前一日，官府率士民，具春牛、芒神，迎春于东郊。作五辛盘，俗名春盘，饮春酒，簪春花。里人、行户扮为渔樵耕诸戏剧，结彩为春楼，而市衢小儿，着彩衣，戴鬼面，往来跳舞，亦古人乡傩之遗也。立春日，官吏各具彩仗，击土牛者三，谓之鞭春，以示劝农之意焉。为小春牛，遍送缙绅家，及门鸣鼓乐以献，谓之送春。"

清朝乾隆年间，立春鞭土牛被列为国家庆典。清末，杭州一带也流传此俗。在立春前一日，杭州府知府和总捕厅、总事厅等官员及仁和、钱塘两知

图5-1　明代的春牛图

县，皆着官服，全副执事，坐无顶无帷显轿，到庆春门外先农坛迎请勾芒神，供于神亭。勾芒神手执牛鞭，似牧童之像。迎接时，神亭前置有纸牛、活牛各一头，或抬或牵，随之而行，即所谓春牛。春牛可任人鞭打，俗称"鞭春牛"。彩亭中供有瓷瓶，瓶中插富贵花，贴"天下太平""五谷丰登"等字样。沿街唱舞，意为劝农。进城之后，夹道聚观，争掷五谷，称为"看迎春"。最后，将勾芒神及春牛供于杭州府衙门前，挂灯结彩。至立春之前一时，勾芒神起身，上城隍山，称为"太岁上山"。迎春之日，如遇下雪，杭州人俗称"踏雪迎春，大热年成"，祈盼丰收。民国《义县志·岁时》记载有"鞭春牛"歌谣："一鞭曰风调雨顺，二鞭曰国泰民安，三鞭曰天子万岁春。"

（三）甘南博峪藏族的"调牛节"

每年农历的二月初二，是甘肃省甘南博峪藏族的"调牛节"。藏族民众在日常劳动中培养了对牛的浓重情感，从而出现了大量的牛文化现象。他们视牛为神，以牛为献祭神灵的最佳牺牲，于是调牛节也就出现了。

节日的前一天，还要先由"嘎巴"（博峪藏族对原始宗教及巫师的称呼）喊山。嘎巴由阴山呼唤而上，又由阴山呼唤而下，一路叫着本部落山神爷的名号，乞请保佑全寨人畜兴旺、庄稼丰收、村寨平安。

节日这一天的早晨，全寨的牛都被赶到地里，架好犁把。先是嘎巴念嘎巴经，然后再选出养牛、驾驭牛技术好的人调教初长成的牛耕地。调教牛耕地时，要撒一点青稞面入土祈福。祭毕，大家一起唱起颂赞山神大地神的歌词，跳舞乐神，以预祝一年的丰收。

调牛节期间，当地还有点燕麦的习俗。在燕麦点燃后，全寨的儿童上山点起火把，每人两支，他们由山上唱跳而下，这被称为"摇灯"，是对火神与山神的祭祀。

（四）牛王节

"牛王节"又称为牛生日、牛魂节、脱轭节、开秧节、牛王诞，是壮族、汉族、布依族、瑶族、侗族、土家族、仫佬族等民族的传统节日，多在每年农历的四月初八（或六月初八、八月初八）举行。据传说，这一天是牛的生日。中国各民族的养牛人家，都要用不同形式来赞颂和酬谢牛的功德。现在，牛王节中的敬牛神色彩已渐淡薄，但民间的敬牛护牛之风依然留存。

壮族同胞对耕牛十分崇敬，每逢牛王节这一天，壮族的村村寨寨男女老少都早早起床，杀鸡杀鸭，准备佳肴和美酒来招待耕牛。他们还上山去采摘几种树叶，用它来煮水做不同颜色的"糯米饭"。他们把这种"糯米饭"加上煮熟的腊肉用来喂牛。他们还规定，这天所有的耕牛都要休息一天，不让牛去田间犁田耙田，让牛到绿草地、山坡间、牧场上去吃青嫩的草，呼吸新鲜的空气，并禁止任何人挥鞭抽打牛群。同时，牛栏内也要清除粪便，撒上石灰，铺垫干草。要用篦子梳掉牛虱，精心护理牛。富裕的人家还特地酿制甜酒，再加上鸡蛋，用竹筒灌喂耕牛，以增强耕牛的体魄，以便迎接春耕大忙日子的到来。

贵州的荔枝、罗甸、安龙等地的布依族，流传着一首民歌唱道："九名九姓独山川，南郊紫泉北石牛，年年四八牛王节，家家花饭摆门楼。""四八"即农历四月初八，这天也称为"牧童节"，用来酬谢牧童的辛劳。当天要卸下牛轭，让牛休息一天，并给牛吃黑米饭。

湖北省鄂西土家族、苗族也以农历四月初八为"牛王节"。在这一天里，人们不让牛耕田，给它洗澡，并在牛角上搭红布，用蔬菜、米、黄豆和肉食喂牛，还要张贴特制的《牛儿经》。《牛儿经》的做法是：先以虚线画出牛形，然后沿虚线内写出两百多字的唱词，用以诉说牛的勤劳、艰辛和痛苦，从而唤起人们对它的爱护和尊敬。有的地方还举行"牛王会"。青年们身穿黑衣，吹牛角，奏《耕牛曲》，赶着膘肥体壮的耕牛去赴会。出类拔萃的牛，被牵到台上展示，格外受到人们的尊重。

（五）洗牛节

在贵州榕江、东江一带的侗族中，每年农历六月初六都要举行"洗牛节"。届时春耕已经结束，人们把牛牵到河边洗澡，并在牛栏旁插几根鸡毛和鸭毛，表示为牛洗耳去尘，并祈祷家里的耕牛平安健壮。

在"洗牛节"，家家都要牵牛下河，为其洗身，并且还要杀鸡鸭为牛祝福，祝愿耕牛清洁平安。根据侗族的民间传说，耕牛是牛魔王变来的。

当初，牛魔王受玉帝委派向人类传达旨意，误将"天皇赐你们一日三餐肚子饱"说成"天皇赐你们一日三餐肚子还不饱"，结果害得人们忍饥挨饿。

于是，牛魔王便下到人间，帮助人们苦力耕作，以作为传达旨意失误的补偿。侗家人为了感谢耕牛对农业发展的贡献，于是便在每年的六月初六给耕牛过洗牛节。

贵州的布依族地区也有这个节日习俗。云南省丽江一带的纳西族地区，在每年农历六月二十日至三十日、九月十日至三十日，也要举行两次"洗牛脚会"。这两段时间正是春、秋农事大忙以后，需要牛稍事休整，于是人们在上述两段时间内任选一天，全村举行聚餐，并洗刷耕牛，喂它12个麦饼和一捆青草，还要在牛栏上挂一串麦饼以表慰劳之意。

云南省兰坪县的傈僳族，在每年的农历六月初五，要过"浴牛节"。那天，不仅家家要给牛洗澡，还要煮一锅放盐的稀饭，用来喂牛。并由家中最年长的妇女向牛祈祷，希望它在天神面前，多多求情，免灾无害，庄稼丰收。

（六）颂牛节

云南西北山区的彝族，在每年立冬时要过"颂牛节"。过节那天，人们要用洋芋和萝卜分别制作黄牛和水牛的模型，然后将制成的牛模型放入一个大簸箕中，置于牛神崖前的草坪正中。草坪周围竖起12根松木，上边挂有缀着燕麦、玉米的红绸。由一个老歌手带领，人们牵来挂有红绸的耕牛，绕着簸箕踏歌而舞，歌颂耕牛的辛劳及精心饲养耕牛和获得丰收的农家。

最后，将牛模型奖励给对耕牛爱护和在农业上有好收成的牛主人。获奖的牛主人，当场将得到的饲料喂牛，用彩线编成"牛轿"，载着牛模型，唱歌跳舞过村寨。回到家以后，还要将牛模型供在堂屋，作为传家宝物珍藏起来。

二、与牛有关的民俗与活动

（一）牛与婚俗

牛在各民族的婚礼中，都占有十分重要的地位。

在浙江等地区的汉族姑娘出嫁时，必备一头牛，披红挂彩，新娘一上轿，就由新郎牵牛，走在迎亲队伍最前头开路或引导。据说，牛是天神的化身，由牛开路，可冲走一切拦路之鬼，起到避邪驱灾作用。

《黔中苗民图》记载有布依族人关于牛的婚俗。"每岁孟春聚会，未婚男女野外跳月歌舞，以彩带接球，谓之花球，意洽情钟，彼此抛球遂焉。贫者用牛一头，富者用牛数头，亲戚朋友各携鸡、酒致祭，绕牛而哭。祭毕，屠牛分肉，群饭饱后各散。"

苗族青年结婚时，有新郎抢牛尾巴的习俗。青年男女订婚后，女方家就要买一头老黄牛喂肥。在举行婚礼那天，把黄牛拉到举行婚礼的地点，当新郎到来时，新娘用快刀突然将牛尾巴割下来。这时新郎要立即扑上去抢新娘手中的牛尾巴。女方的人帮着新娘防守，男方的人帮着新郎去抢。双方展开一场激烈的争夺战，一直持续到女方父母亲友来时为止。女方父母一到，即可举行婚礼。如果新郎在那段时间抢不到牛尾巴，就证明新郎无能，不能举行婚礼，婚姻也许就告吹了。当然，只要双方真心相爱，新娘一定会让新郎抢到牛尾巴的。

撒拉族的婚礼一般在冬天里举行。嫁娶前，男方家一定要向女方家送牛马等聘礼，除此之外，还要送给女方穿戴的衣物、化妆品等生活用品。

普米族的婚俗很有特色。新郎在迎娶新娘之前，要分别向新娘的父母、兄弟、姐妹赠送礼品，以感激对新娘的养育之恩及手足之情。新郎送给新娘父母的一般是一头牛和一块布，送给新娘的兄弟和未出嫁的妹妹的是一把长刀、牛和犁铧一套。

在浙、闽、赣交界地区居住的畲族，流传有"牛踏踏"的民俗。送新娘出嫁时，如果与另一位新娘在同一天走同一条路，民间认为这是"喜冲喜"。后走者要牵一头角上扎红布插红花的牛，人们认为牛踏过的路是新开辟的路，对后走的新娘无害，也寓意压重、喜庆之意。

(二) 金华的斗牛——牛与牛斗

金华斗牛历史悠久，又以清代和民国早期最为盛况空前。除金华本地外，旧金华府（现金华市）属的浦江、义乌、武义、兰溪、永康等县斗牛均较为普遍。据清代陈其元在《庸闲斋笔记·婺州斗牛俗》中记载："金华人独喜斗牛，则不知始于何时？余在婺州十有六年，每逢春秋佳日，乡氓祈报祭赛之时，辄有斗牛之会……斗场辟水田四五亩，沿田塍皆搭台，或置桌凳，以待客及本村老幼妇女……牛之来也，鸣钲前导，头簪金花，身披红绸，簇拥护之者数十人，既至田中，两家各令健者四人翼其牛，二牛并峙，互相注视，良久乃前斗。斗以角，乘间抵隙，各施其巧，三五合后，两家之人即各将其牛拆开，复簇拥去，观者不知其孰胜负，而主之者已默窥其胜负矣。"这段话描述了旧时浙江省金华市一带的斗牛时间、地点以及热闹的场面。

据金华地方志记载，民间相传在宋明道年间（1032—1033）金华就出现了斗牛，尤以兰溪、金华、武义、永康、义乌等县最为盛行。斗牛俗称"牛相操"，多在春秋两季举行。旧时每年农历三月初三到九月十三是斗牛的旺季。在这期间，一般是每10天到半个月一斗。每年第一次斗牛叫"开角"，最后一次斗牛叫"封角"，从"开角"到"封角"为"一案"。

斗牛场一般是设在周遭有小山、面积为四五亩的方正水田之中，内蓄10厘米左右的积水。斗牛场东西两侧用青竹翠柏扎成拱门，为参斗之牛的进出场口，俗称"场门"。参斗的牛多为黄牛，也会有少数水牛，但均是经过认真筛选和精心饲养，还要对其进行严格的训练。

盛会之日，参斗之牛头扎写有艺名的彩牌，戴金花、披红绸、摇彩旗，由牛的主人及族人簇拥进斗牛场，沿途鸣锣开道，爆竹轰鸣。至斗牛场后要先卸掉装束，等号炮一响，相斗的两牛由牛主人和壮士护送，分别从东西两个"场门"入场。两牛对视，眼红耳竖，四角交架，绞为一团，在难解难分时，拆手上场将牛分开，稍事休息后再继续相斗。在胜负分明时，拆手就一拥而上，将牛拆开。

获胜的牛顿时会身价倍增，牛主人则要大宴亲朋，欢庆胜利。败牛的主人则垂头丧气，将斗牛贬为耕牛，或卖掉宰杀。买卖斗牛时，卖方设宴款待，用鼓乐送行，还要漆牛梯作陪嫁，买卖双方互称为"牛亲家"。卖方的牧童也被称为"牛大舅"。

金华斗牛曾经一度是这一地区重要的文化活动，历史上多有吟咏者。

至 1948 年，金华斗牛开始衰落，以后就逐渐消失了。直到 1983 年，当地开始恢复金华斗牛，此后金华地区斗牛的风气再次兴起，这也为金华地区的乡村特色旅游增加了一大景观。

（三）苗族的斗牛——牛与牛斗

传说从三国时代诸葛亮时起，苗族就有斗牛的习俗，这种习俗一直保留至今。

民国年间的《黔西州志·民俗》描述了苗族的这一习俗："祀祖择大牯牛头角端正者，饲及苗壮，好与各寨有牛者赌斗，胜者吉。斗后，卜日砍牛以祀。主祭者服白衣青套，细褶宽腰裙。祭后，合亲族，高歌畅饮。"

民国年间的《八寨县志稿·风俗》中也讲述了白苗的习俗："祀祖，择大牯牛角端正者养之，饲及苗壮，约七年至十三年，则通知全寨，有牛者相斗于野，胜则喜，败则延，巫师祝之，无论胜败，均杀之以祀祖先、食宾客。"在《黔中苗民图》中也有关于白苗的类似记载。

从上述记载可以看出，苗族为了祭祀祖先，事先必全族共购牛饲养，以强壮凶悍为宜。祭祖前举行斗牛，然后杀牛供奉祖先，并且煮牛肉共食，宴请宾客。

这说明苗族的斗牛活动有多种功能。苗族斗牛是在祭祖前夕举行，然后才杀牛祭祖，使斗牛成为取悦于祖先的一种手段，同时又是全寨人娱乐的一种重要形式。

现在苗族还会全寨共购一雄牛，并称其为牛王，派专人饲养。通常是一寨一头，其牛栏十分神秘，门上挂有狗头、草标等避邪物。每个牛王都有专称，比如"胜霸天""南山虎""大将军"等，并将这些名字写在木牌上，其上还配有歌颂牛王的对联，比如"碰似电闪雷鸣，斗如关公斩将"等。

斗牛有一定的场合，由一或二个寨子担任主寨，负责斗牛事宜，并事先通知其他各寨。斗牛前夕，男人不能劈柴，女人不能纺织，有种种禁忌。青年人则欢聚歌唱，以田螺占卜，预测斗牛的胜败。

牛王出发时，要先由青壮年至牛栏集合，呼喊动员，其他村民听后也整装出发，鸣礼炮三响。牛王在前，胸挂悬铃，背上置鞍，乐队、旗队、人群随后，队伍显得浩浩荡荡、势不可挡。

抵达斗牛场后，各寨占据一方。休息片刻之后，互相邀请，双方同意后，劈木为记各执一半为凭。开始时，双方各牵牛王，打着火把入场。三声断响，吹笙击鼓，双方向前投火把，二牛王也相对冲击。有时二牛一碰就有胜负，有些则要经过几个回合才能有输赢。

如果二牛难解难分，不分上下，各方则以绳牵住牛的后腿，拉开二牛并视为平局。斗胜的牛王，会披红挂绿，锣鼓相庆；败北的牛王，则难免成为刀下之鬼。

（四）侗族的斗牛——牛与牛斗

"斗牛节"是侗族的传统节日。侗族喜欢斗牛，几乎家家户户都饲养着善斗的"水牛王"。"斗牛节"是在每年农历的二月或八月逢"亥"的日子里举行。节前，各自要约好对手，做好斗牛的准备。

节日这天清晨，一青年手举写有"牛王"名字的"马牌"走在前面，昂首挺胸，"牛"气十足。"马牌"后紧跟举着木制"兵器"的卫队和鼓乐队。"牛王"犄角上镶佩铮亮的铁套，头披红缎，背驮"双龙抢宝"牛王塔，塔上插有四面令旗和两根长长的野鸡翎，就像古代的将军一样威风凛凛，神圣不可侵犯。牛脖子上还挂着一串铜铃，叮当作响。放三声铁炮后，"牛王"在锣鼓和芦笙的乐器声中进入斗牛场。这时一支支队伍手持金瓜、月斧，举着各种旗帜，前呼后拥，绕场三周，这就是入场，也叫"踩场"。

接着各队牵着自己的"牛王"，举着火把，准备开战。铁炮一响，参斗的两头牛从两端四蹄腾空，冲上去，斗作一团，愈战愈勇。这时场外人群呐喊助威，场面十分壮观。如果两头"牛王"久斗不分胜负，人们就用大绳拴住两头牛的角，像拔河一样往后拉，制止它们的搏斗，这算是平局。如果一方输了，他们的彩旗就会被对方的姑娘们全部夺去。输方需要通过赎旗礼和对歌的方式，才能赎回彩旗。得胜的"牛王"则披上红布，以示祝贺。斗牛活动能培养人们不畏艰险和勇往直前的奋斗精神（图5-2）。

图 5-2　侗族的斗牛节

（五）回族的斗牛——人与牛斗

回族的斗牛赛是人赤手空拳和牛搏斗，斗的是机智，是灵敏和力量。斗牛时，斗牛士身穿紧身的斗牛服，牵着膘肥体壮、两角锋利的公牛入场后，用各种办法对公牛进行挑逗，以激公牛发怒。不一会儿，公牛凶神恶煞般地扑向斗牛士，企图用锋利的两角把斗牛士顶出场外。斗牛士熟知公牛的特点和本性，他面对公牛的不断攻击，在轻巧地腾挪跳跃、左右躲闪的同时，还不时地对公牛施以拳脚，使发怒的公牛不停地追赶。于是，公牛变得更加狂暴起来。只见公牛把头一低，"哞"地一声怒吼，径直向斗牛士顶去。在这刹那间，老练的斗牛士灵活地往旁边一闪，就躲过了锋利的牛角。扑空的公牛转过头来，继续向斗牛士进攻，斗牛士则乘势抓住公牛的两个犄角，大吼一声，使出一股猛劲，将公牛的头扭了过来。公牛就像泄了气的皮球一样，应声倒地。观众则报以热烈的掌声。

在宁夏回族自治区、甘肃省一带的喜庆之日，人们都要举行掼牛表演比赛活动。表演时由一人牵牛入场，牛披红戴绿，斗牛者穿着披风，空手进场。斗牛者用双手紧握牛角，突施技巧，将牛摔倒在地，于是斗牛结束。

三、有关牛的舞蹈与戏剧

（一）有关牛的舞蹈

除了斗牛之外，在我国民间还流传着历史悠久、形式多样的牛舞蹈活动。

牛不仅在田间默默耕耘，给人类带来了物质的财富，而且牛身上所体现出的奉献精神，也给人类以精神的财富，留给人类无穷的艺术想象和美的感受，各地的老百姓都创造出了丰富多彩的牛舞蹈。

中国很早就有了关于牛舞的记载。据《吕氏春秋·古乐》："昔葛天氏之乐，三人操牛尾，投足以歌八阕：一曰载民，二曰玄鸟，三曰遂草木，四曰奋五谷，五曰敬天常，六曰建地功，七曰依地德，八曰总禽兽之极。"葛天氏是传说中古帝王的名号，从其所歌八阕的名称来看，牛舞应该是属于原始社会的图腾舞蹈。其所记载虽不一定十分准确，但类似的舞蹈在原始社会应当是普遍存在的。在我国许多少数民族的舞蹈中，至今仍保留有图腾舞蹈的痕迹。

除了图腾舞蹈之外，有的民族的牛舞来源于猎牛，有的民族的牛舞则来源于斗牛，这与每个民族发展的历史背景有关。

云南省沧源岩画有一人持牛角，一人持短杖的猎牛舞。云南省广南出土的铜鼓上有椎牛舞。现在彝族、独龙族、佤族、傣族、景颇族还保留有椎牛舞的习俗。

贵州省水族有斗牛舞（又称斗角舞）。四川省凉山彝族，有丧事红办，并跳"瓦治黑"（又称牦牛舞）的习俗。

广东省清远市的连州区，也有跳春牛舞（又称唱春牛）的习俗。据叶春生先生在《岭南风俗录》一书中介绍：每年春节或开耕时节，从广东的北部到西部山区的广大农村，都有表演春牛舞的传统习俗。其舞蹈古朴深情、乡土气息浓郁。"春牛"一般由两个演员合作扮演，一人舞牛头，一人操牛尾，牛头用木头或竹篾扎成，外形比真的牛头大一倍，弯弯的犄角，大大的眼睛，黑黑的皮毛，牛鼻被穿着孔，和真牛一样。牛身用布做成，遮住里边的演员。在表演前，"牛"先躺在一边，在一阵欢快的锣鼓声中，走出一位老农打扮的角色，把"牛"牵起来，绕场走几圈，并对"牛"说几句打诨的话，逗引观众发笑。

在成都市新津县一带，活跃着具有浓郁的民族和乡土气息的民间火牛阵舞蹈队。火牛阵舞蹈队始建于民国时期，当时主要在庙会、年节等民俗活动中演出，并与龙灯、狮子灯等配合表演，以增强节日的喜庆气氛。最初，表演者模仿牛生活和劳作时的动作、神态，表演小牛嬉戏、母牛吃草、公牛发怒等情景。后来逐渐演变为由10头牛和20名壮士组成的气势壮观的火牛阵。表演时人翻牛仰、喊声震天，仿佛把人们带回了浴血奋战的古战场。

（二）有关牛的戏剧表演

在我国民间，很早就有"牛斗虎"的游戏表演。比如，"牛斗虎"就是由两人扮牛、两人扮虎。在锣鼓声中，"牛虎"相遇，虎扑牛，牛抵虎，最终结局是牛胜虎逃。另外，在广西壮族自治区的灌阳地区，有"狼吃牛"的游戏表演，也是由人来扮演狼和牛。

在我国的戏剧舞台上，也有许多著名的"牛戏"，其中最有名的有《小放牛》《火牛阵》《天仙配》等。

传统剧目《小放牛》，又名《杏花村》，是一出家喻户晓的小旦、小丑的"对儿戏"。剧中一个人扮演牧童，一个人扮演村姑。两人天真活泼、两小无猜，通过对歌，表达了人们的美好愿望和对幸福生活的憧憬。

传统剧目《火牛阵》，又名《乐毅伐齐》或《田单救主》。这是一出老生、小生、花脸和小丑都很吃重的大戏。《火牛阵》讲述了战国时燕昭王用乐毅为帅讨伐齐国，连破七十余城。田单据守即墨，先用反间计，后用耕牛五百头，角绑利刃，身画五彩花纹，尾扎油麻鞭炮，命副将驱牛至燕营，三更时分点燃油麻鞭炮，群牛狂奔敌营，大破燕兵，田单乘胜追击，收复齐国失地。全剧故事情节复杂，角色众多，生旦净丑行当齐全。只可惜《火牛阵》整出大戏早已失传，唯有其中的《黄金台》一折流传至今。

传统剧目《天河配》（又称《牛郎织女》），是一出家喻户晓的美丽神话剧，也是旧时每年七夕必演的应节戏。剧中有一金牛星，由花脸扮演。正是此牛神（金牛星）暗中相助牛郎，他才得以与织女相遇。

第六章

关于牛生肖文化与地名姓氏

一、关于我国传统的生肖文化

牛生肖是生肖动物群中的一员，其来龙去脉牵涉到生肖动物群体。同时，这个动物群体又会联系到干支纪年的习俗。因此，在探讨牛生肖之前，先要探讨一下干支和生肖动物群体之间的联系。

（一）干支纪年的由来

干支，又称天干、地支，是我国古代用以记录时间的一套专门的序数系统。干，指十干，依次为甲、乙、丙、丁、戊、己、庚、辛、壬、癸；支，指十二地支，依次为子、丑、寅、卯、辰、巳、午、未、申、酉、戌、亥。干支按顺序两两相配，即甲子、乙丑、丙寅、丁卯……癸亥，组合至六十为一个循环，被称为一个甲子。

用干支纪年，据传早在4 000多年前的黄帝轩辕氏时代就已产生。现在能看到最早的甲子全文，是河南安阳殷墟出土的刻于牛肩胛骨上的，后刊印于《甲骨文合集·37986版》。这也就是说，早在殷商时代，甲子就已用于纪日。

干支纪年，与干支纪辰相关。《左传·昭公七年》："何谓辰？""日月之会是谓辰，故以配日。"即是指日月合朔之日，地球在公转轨道上的位置。古人据此将黄道天区划分为12个区段，用以观测星象，推算历法，占验祸福。但是，按 12 个合朔日计算，只有 354 日多一些，并不能分掉一个太阳回归年，即人们视运动里的天区黄道带的全长。

于是，古人就以冬至日（因该日圭表上日影最长，可以测而推定）、北斗斗杓所指处的星宫所在为基准，在天区黄道带上向左、向右各取 15 度（折合成今之度），称为"子"辰。由此，自东向西将等分同长的其余黄道带，依次命名为丑、寅……亥。在周代，以含有冬至节的月份为一年的正月，故史称周历的"月建"为建"子"，它相当于今农历的十一月。

十二辰何以用子、丑、寅、卯……这一套名称呢？原来在远古的神话里，它们是 12 位月亮神。据《山海经》记述，天帝俊的妻子羲和，生了 10 个日神（即十干）；他的另一位妻子常羲，生了 12 个月神（即十二地支）；日神、月神轮流司值。商族人认为每天有一位日神和一位月神轮流司值（日神甲司昼，月神子值夜，则该日记为甲子）。

人们认为，十干的产生与"10 个太阳"的传说有关，即与前述的羲和生了 10 个日神的故事有关。据《山海经·大荒南经》记述："东南海之外，甘水之间，有羲和之国。有女子名曰羲和，方浴日于甘渊。羲和者，帝俊之妻，生十日。"这 10 个太阳住在一棵大树上："九日居下枝，一日居上枝。"（据《海外东经》）。这指的就是 10 个日神轮流值日。

这些神话与传说间接地反映了十干的起源：古人想象天上有 10 个太阳轮流出没，它们各自值日一轮就是 10 天，也称为一旬，在当时"旬"的意思就是"循"，即循环往复，以此为阶段来记日。为区别起见，分别以甲、乙、丙、丁、戊、己、庚、辛、壬、癸命名之，这就是十干。用干支纪年是从战国时代的太阳纪年法发展而来的，即以十干配十二辰，组成六十甲子。另据出土于马王堆的帛书记载，战国时代已有直接用干支纪年的情况出现。

（二）十二辰与十二生肖动物相配

关于生肖的由来，说法很多。其中有代表性的说法是将十二辰与十二种动物相联系。现存最早的记载见于 1975 年于湖北云梦睡虎地秦墓出土的秦简。在秦简《日书》甲种的背面，记有这样的文字："子，鼠也；丑，牛也；寅，虎也；卯，兔也；辰，（原简残缺）；巳，虫也；未，马也；

申，环也；酉，水也；戌，老羊也；亥，豕也。"

这与东汉王充在《论衡》里提及的 12 种动物（即行之于今的十二生肖：子鼠、丑牛、寅虎、卯兔、辰龙、巳蛇、午马、未羊、申猴、酉鸡、戌狗、亥猪）有些不同。但是，最迟在战国末年，古人已经将十二辰已与 12 种动物相联系了。也就是说，在那时十二生肖就已经产生了。

那么，十二辰为什么要与 12 种动物相配呢？

首先，这与起源于旧石器时代中期的图腾崇拜相关。如前所述，那些在生产实践中受到青睐与关注的动物，由于其与人的关系很密切，因而得到了人们的礼遇。在理性思维尚未发达、观察事物以感性思维为视线的先民心目中，物我是一体的。他们常把喜欢的、信仰的动物作为自己的称谓，以寄托自己心中美好的期望。

生肖中的 12 种动物名称，均是在上古时期 12 种图腾的称谓，也是后来姓氏的来源。一个有力的佐证就是，这些称谓在我国古往今来的姓氏中大多可找到。猪姓演变成彘姓、豳姓等，汉朝有姓狗名未央的，后秦姚苌的皇后姓蛇，如此等等。由此可见，在记忆或记录出生年份的生肖习俗出现之前，人类就已经有了图腾姓氏，即将某些关系密切的动物作为部落名称、作为姓氏归属的习惯。这就为生肖习俗的出现和广泛应用做好了铺垫。

其次，与以 12 为一循环轮回的历法计数习俗相融。相传在帝舜时代，先民成熟的历法是太阳历，或称华夏族纪年法：即将一年分为 10 个月，而基础时间分类又以 12 等分为准，即一天 12 时辰，12 天为一旬，36 天为一月，72 天为一季，360 天为一年。这样，一年还剩下 5 天，刚好用来当作过年的日子使用。这是参照地球与太阳运转规律而制定的历法。

据考证，这种历法十分科学和先进，而且其创立的时间相距今约有万年。在那个时代，传播和记忆这些历法，主要是靠口耳相传。也许是为了记忆的便利，初民们就把生活中亲密的动物伙伴——牲畜动物（即图腾动物），选出 12 种与之相配。

刘尧汉先生在《中国文明源头新探》中，收集到尚残存于彝族民众中的"十二兽"纪日法，汉族人称之为"黑甲子"。还有云南大学历史系江应梁教授早年所著的《凉山彝族奴隶制度》一书中说："大小凉山中统一地实行一种历法，非阳历也非阴历，是把一年划分为 10 个月，每个月固定 36 日······。"这些记载，都透露了我们远古先祖对于这一历法运用的真实信息。

在文化蒙昧低下、心智尚未发展的民族中，计数其实是一件比打死一头猛兽还困难的事。刚从野蛮的动物界挣扎出来的初民们，诚如法国人拉法格在《思想起源论》一书中运用原始部落人的实际材料所论析的那样，其计数的能力与鸽子不相上下，数到一、二就不行了。即使到了十月太阳历产生的时代，初民计数的能力，尚不能普及化，只是保持在少数统治集团的人物中，比如酋长、巫觋、史官等人物中。

对普通民众来说，计数仍是十分困难的事。他们的抽象思维还不发达，其抽象能力只能包含在已有的形象思维之中，只能以一种概念嵌于形象中的野性思维之中。因此，在应用和记忆这种历法时，以兽名时、定日、纪年的方法就应运而生了。这种"十二兽"的计时法，形象生动具体，便于记忆，又不失其计数的实质，因此很快就风行成俗。

总之，我们的先民在生产实践中用他们所关注的熟悉的动物名称，来概述抽象的历法计时，在具体的动物形象中包含了计数历法的哲理，形成了十二兽名计时法，并由此进一步衍化引申出十二生肖纪年的民俗。

二、关于牛生肖的由来

牛在十二生肖中排在第二位，与十二地支相配属"丑"，故一天十二时辰中的"丑时"（1～3时），也被称为"牛时"。"丑"还有"纽"的意思，就是用绳子捆住的意思。传说牛在此时正在反刍，并于黎明前的黑暗阶段就开始耕田，是辟地之物，所以丑属牛。

关于牛被列入生肖的传说有许多版本，下面的传说是其中的一种说法。

牛任劳任怨，勤恳踏实，拉车犁田从不松套，为农夫做了不少农活儿，也博得了人们的好评。在排生肖的时候，人们一致推举它为生肖。在召开生肖排序大会那天，老鼠和牛都起得很早。它们在途中相遇。牛体形大，迈的步子大；鼠小，体形小，迈的步子也小。老鼠心想：路还远着呢，待我赶到天宫时，早就没有生肖的席位了。于是，狡猾的老鼠眼珠子骨碌一转，对牛说："牛哥，我来给你唱首歌吧。"牛说："好啊，你唱吧！咦，你怎么不唱呀？"老鼠说："我嗓门小，你在前面走，我在后面跑，你怎么能听得见呢？牛哥，让我骑在你的脖子上唱歌吧，那样你就能听见了。"牛爽快地说："行！"于是老鼠就爬上了牛背，摇头晃脑地唱起来："牛哥哥，牛哥哥，过小河，爬山坡，驾，驾，快点儿走！"牛一听，高兴地撒腿就跑。等跑到天宫报名处一看，谁都还没来呢。老牛高兴得直叫："我是第一名，我是第一名！"牛还没把话说完，老鼠就从牛角上一蹦，蹿到牛前面去了。结果，老鼠得了第一名，牛却排在了第二位。

牛是凭着自己对人类的贡献，进入了人类的生肖排行。如果不是老鼠投机，藏在牛角上，抢先得了第一名，那么，牛王肯定会排在生肖的第一位。

三、以"牛"命名的地名

牛是与人类相伴几千年的家畜，是象征勤恳、踏实、美好和善良的驯养动物。牛除了为人类提供畜力之外，还为人类提供牛肉、牛奶、皮革、牛毛和牛绒。牛作为十二生肖动物形象之一，又使得牛生肖文化对社会生活产生了深远的影响。这一点从全国各地有如此之多的以"牛"来命名的地名就可以看出其影响力。

"牛"地名主要源自于牛本身、人们喜爱牛的心情、牛的饲养放牧、牛的行为习惯、牛的身体特征、牛的居所、牛提供给人类的产品、牛的交易场所、牛产品的交易场所等。

（一）以牛本身来命名的地名

以牛本身来命名的地名有辽宁海城市、山东东营市、山西高平市、河南开封市、湖北五峰县、安徽濉溪县都有的"牛庄"，黑龙江五常市的"牛家"，辽宁昌图县的"牛家庄"，河北邯郸市的"牛儿庄"，内蒙古喀喇沁旗有"牛家营子"，河南宝丰县、许昌市、遂平县都有"大牛庄"；河南郑州市、云南盐津县都有"牛寨"，河南开封市有"大牛寨"，安徽太湖县有"牛镇""牛镇营"，河南滑县有"牛屯"，山东商河县有"牛堡"，北京通州区有"牛堡屯"，山西孟县有"牛村"。

河南辉县、山东邹平市、山东无棣县都有"小牛"，山西偏关县的"老牛湾"。内蒙古喀喇沁旗还有"大牛群乡"和"小牛群乡"。河南西峡县有"野牛村"，四川会东县、青海祁连县都有"野牛乡"。河北景县有"古牛庄"，安徽太和县的"牛老家"，山东海阳市的"牛根"。河北灵寿县、河南柘城县都有"牛城"，贵州正安县的"牛都"。四川小金县有"汗牛乡"，辽宁法库县有"依牛堡"，广西横县有"牛研村"。

内蒙古扎兰屯市有"牤牛沟"，内蒙古赤峰市、辽宁建昌县有"牤牛营子"，辽宁辽中区有"牤牛屯"，河北承德市有"牤牛叫村"。湖北武汉市有"上牯牛""下牯牛"，湖南桃源县有"牯牛山"，湖南芷江县有"牛牯坪"。

（二）以农家喜爱牛和盼望牛归来的心情命名的地名

农家喜爱牛，因而盼望牛归来，体现这一心情的"牛"地名有许多。北京有"牛八宝""牛富屯"，四川眉山市有"富牛镇"，河北大厂县有"牛万屯"，辽宁抚顺市有"傲牛"。湖北监利县有"裕牛"，陕西武功县有"东发牛""西发牛"。

辽宁北镇市有"望牛村"，广东东莞市有"望牛墩"，山西灵石区有"回牛村"，河北孟村县有"牛进庄"，山西浑源县有"小牛还"，江西进贤县有"捉牛岗"。河南平顶山市、海南三亚市都有"下牛村"。

江苏常州市有"奔牛镇"，广东茂名市有"牛窜""牛岐""牛岐村"，河南新县有"牛冲"，湖南城步县有"拦牛"。陕西西安市有"鸣犊"，四川北川县有"鸣牛"。

（三）以牧牛人命名的地名

以牧牛人（牛倌、牛郎、牧童、牧郎）命名的地名有：辽宁锦州市、盘锦市都有"牛倌"，江苏常州市、四川江油市、贵州贵阳市、湖南涟源市都有"牛郎"，重庆市有"牛郎村"，贵州松桃县有"牛郎镇"。湖北宜昌市有"牧童"，贵州毕节市有"牧郎"，广东东莞市、广西贺州市都有"牛仔"。

（四）以牛的外观颜色命名的地名

以牛的外形颜色命名的地名有辽宁朝阳市的"黑牛营"，四川乐山市的"黑牛地",四川广元市的"青牛乡",浙江温州市有"乌牛镇",浙江永康市有"乌牛山",浙江永嘉县有"乌牛乡"。

河南邓州市、浙江临安区、贵州水城县都有"白牛村",广东阳江市有"黄牛园",广东阳山县有"黄牛滩",广东惠州市有"黄牛栏",陕西佳县有"赤牛峁",山西盂县有"紫牛庄",辽宁辽中区有"花牛沟",贵州织金县有"花牛寨",甘肃天水市有"花牛镇"。

（五）以牛的头部特征命名的地名

以牛的头部特征命名的地名有：江苏南京市的"牛首""小牛首",湖北襄阳市亦有"牛首"。山东寿光市、安徽池州市、浙江龙游县、陕西镇平县、广东汕尾市都有"牛头",浙江武义县有"牛头山",山西太原市有"牛头嘴",山西交城县有"牛头咀",四川合江县还有"牛脑驿"。

北京密云区有"牛角峪",山西灵丘县有"牛角坝",山西大同市有"牛角巷",河北保定市有"牛角台",江苏苏州市有"牛角浜",湖南泸溪县有"牛角冲",河南通许县有"牛角岗",江西景德镇市有"牛角弄",湖南长沙市有"牛角坡",湖南永州市有"牛角坝",广东鹤山市有"牛角垄",云南元阳县有"牛角寨"。安徽六安市有"小牛角",上海川沙镇、四川布拖县都有"牛角湾"。湖南沅江市有"牛角汊",湖南临澧县有"牛角垭",山西屯留区有"牛角堖",河南方城县有"牛角里",山东东阿县有"牛角店"。

内蒙古的多伦县有"牛眼睛"。内蒙古根河市、陕西山阳县都有"牛耳川",江苏溧水区有"牛耳朵",内蒙古根河市有"牛耳河"。福建宁德市、广东阳山县都有"牛鼻",湖南常德市有"牛鼻滩",浙江乐清市有"牛鼻洞"。北京房山区有"牛口",河南荥阳市有"牛口峪",江苏苏州市有"牛牙",浙江杭州市有"牛舌",江西新建县、福建长泰县都有"牛舌石"。

（六）以牛身体的其他部位命名的地名

重庆市、江西于都县、江西信丰县都有"牛颈"。江苏扬州市、浙江武义县都有"牛背",山西陵川县有"牛腰坡",福建福州市有"牛弓",

河南开封市有"牛力场"。吉林磐石市、辽宁沈阳市、山西右玉县、广东从化区、贵州绥阳县都有"牛心"，辽宁辽中区还有"牛心坨"，吉林梅河口市有"牛心顶"。

辽宁清源县有"牛肺沟"。上海市和广东阳春市都有"牛肚"。重庆石柱县有"牛肠坝"。山西忻州市、福建漳州市、福建浦城县、四川得荣县都有"牛尾"，江西奉新县有"牛尾坳"，湖南怀化市有"牛尾溪"，湖南新邵县有"牛尾冲"。北京昌平区、辽宁黑山县、天津宝坻区、陕西安康市、贵州遵义市都有"牛蹄"，山西潞城区有"黄牛蹄"。广东广州市还有"牛骨岗"。

（七）以牛的各类居所命名的地名

以牛的各类居所命名的地名包括牛栏、牛圈、牛棚、牛房、牛店等。广东深圳市、广东阳东区都有"牛栏"，河北昌黎县有"东牛栏"和"西牛栏"；北京顺义区有"牛栏山"，湖北咸丰县有"牛栏界"，山东胶州区有"牛栏沟"，贵州威宁县有"牛栏江"。河北承德市、河南禹州市、河南清丰县、新疆沙湾县都有"牛圈"，河北丰宁县有"牛圈子坝"，河北承德市还有一处"牛圈子沟"。四川米易县、贵州威宁县都有"牛棚"。广西玉林市有"大牛窝"。

甘肃岷县、贵州修文县都有"牛坝"，四川乐山市、贵州贵阳市都有"石牛坝"，重庆丰都县有"拴牛坝"，重庆市城口县的"牛儿坝"，四川眉山市的"沙牛坝"。河北鹿泉市、江苏东海县、湖南宁乡市都有"牛山"，福建德化县有"石牛山"。

河南安阳市、四川南部县都有"牛房"，北京市有"大牛房"，广西阳朔市有"牛宅"。河南新密市有"牛店"，河南鹿邑县有"中牛店"，山西原平市有"大牛店"。河北蓟州区有"前牛宫""后牛宫"。

（八）以放牛、喂牛、洗牛命名的地名

以放牛、喂牛、洗牛命名的地名有辽宁岫岩县的"牧牛乡"，河南民权县的"牛牧岗"，湖南邵东市的"牧牛村"。重庆市有"放牛巷"，四川自贡市有"放牛山"，吉林九台区有"放牛沟"。云南昭通市还有"放牛

坪""关牛沟"。

山西河曲县有"牛草洼"，山西原平市有"牛食窑"，内蒙古多伦县、山西榆社县、陕西西安市、陕西商州市都有"牛槽"，江西乐安县、湖南桃江县都有"牛田"（意为"牧牛之田"）。山西大同市有"饮牛巷"。

四川宜宾市有"牛洗"，陕西乾县有"牛池"，河南淮滨县、江苏常州市、贵州务川县都有"牛塘"，安徽芜湖是有"浴牛塘"，广东惠州市有"牛仔塘"。

（九）以牛的生活习性命名的地名

以牛的生活习性命名的地名有重庆奉节县的"困牛"，江西会昌县有"牛睡"，安徽淮北市有"牛眠街"，浙江宁波市、福建福州市都有"牛眠山"，湖北罗田县有"牛眠地"。

河南泌阳县有"卧牛门"，四川成都市有"卧牛巷"，安徽巢湖市有"卧牛路"，湖北房县有"卧牛观"，湖北武陟县有"卧牛庄"，山西五寨县有"卧牛湾"，山西离石区有"卧牛口"，内蒙古扎兰屯市有"卧牛场"，黑龙江孙吴县有"卧牛河"，辽宁法库县、营口是都有"卧牛石"，山东济南市有"卧牛坑涯"，黑龙江齐齐哈尔市有"卧牛吐"。河北省邢台市的别称叫做"卧牛城"。

（十）以牛肉、牛奶、牛皮、牛毛命名的地名

北京市有"前牛肉湾""后牛肉湾"，内蒙古呼和浩特市有"南牛肉铺""北牛肉铺"，山西太原市有"南牛肉巷""北牛肉巷"，江苏南通市有"东牛肉巷""西牛肉巷"，四川德阳市、广东潮州市、广东佛山市、云南普洱市都有"牛肉巷"，四川自贡市还有"牛肉街"。江苏南京市有"宰牛巷"，四川泸州市有"宰牛"，浙江杭州市有"杀牛弄"，重庆市、四川成都市都有"杀牛巷"，广东潮州市、广东揭阳市都有"牛屠巷"，广东汕头市还有"牛屠地"。

福建南平市有个地方叫"牛奶"，安徽芜湖市、江苏扬州市有"牛奶坊"，江西南昌市有"牛奶房"，新疆乌鲁木齐市有"牛奶巷"，新疆呼图壁县有"奶牛场"，广东广州市有"牛奶厂""牛乳基"。

江苏镇江市、湖北武汉市、湖南长沙市、广东广州市、云南楚雄市都有"牛皮",辽宁宽甸县、山东青岛市都有"牛毛",而四川蓬安县则有"牛毛漩"。

(十一) 以牛市、牛道、牛车命名的地名

内蒙古多伦县、河北邢台市、山东济宁市、河南密县、安徽霍邱县、安徽蒙城县、陕西西安市、四川成都市、四川泸州市都有"牛集"或"牛市"。北京市有"牛街",四川成都市、自贡市都有"牛市口"。江西高安市有"耕牛场"。云南、贵周、四川三省各地都有许多"牛场",其中贵州施秉县有一处叫做"牛大场"。贵州凯里市有"牛场坝",贵州晴隆县有"牛场铺"。

天津市有"牛行胡同",重庆市、河南漯河市、江苏淮安市都有"牛行街"。河南扶沟县有"牛信村"。内蒙古包头市有"牛桥",河北井陉县有"牛道",天津宝坻区有"牛道口"。上海市、湖北汉寿县、广东潮安区、浙江温州市都有"牛路",广东阳江市有"牛路口",海南省琼海市"牛路岭",广东吴川市有"牛路头",云南昭通市有"牛路沟",广东东莞市还有"牛行"。

湖北武穴市、湖南桃源县都有"牛车",安徽芜湖市有个"牛车巷",江苏苏州市有"牛车弄"。牛在拉车时须在牛的脖颈上架以器具,人们称之为"牛轭",这在地名上也有体现。浙江温岭市有"牛轭",湖北英山县、广东东兴市都有"牛轭岭",海南海口市还有"牛轭泽"。

四、牛姓氏的由来

牛作为中国的一个姓氏,在《百家姓》中排第 310 位。据有关部门统计,目前姓牛的人数在中国姓氏排名中排在第 100 名左右。牛姓在全国分布甚广,尤以河南、山西两省居多。关于牛姓的来源,民间有多种说法。

其一是说来源于牛国,出自西周时期"牛医先生"的封国,属于以国名为姓氏。据文献《灵台牛氏家谱》中记载:"当周盛时,文王之小子子

之子遇牛医先生，封牛国，为太常卿、协律郎。祖牛孝参定雅乐，后附帝意，销设前代金石，以自异议，以作武舞，以象功德，至是乐成，诏行之乐，常有新乐，孝义此一志也。"这种说法，在《灵台县志》中也有类似的记载。也就是说，周文王的重孙遇见一名牛医，他精通韵律，遂拜其为先生，赐封之邑叫牛国。这位牛医后晋升为太常卿，职任协律郎，以牛国国名为姓氏，人称牛氏。传至该支牛氏先祖牛孝时，曾参与制定雅乐，他按照君主旨意改造了前世的金、石乐器，编制了武舞之乐，以赞颂君王的功德。舞乐编成后，君主对此非常满意。后来牛孝还时常创作出新的乐曲。按照《灵台牛氏家谱》的记载，说明了这一支牛氏家族的起源，应当是牛氏渊源中最早的一支，是为牛氏之始。

其二是说出自子姓，是商朝开国帝王汤的后裔，其始祖为宋微子启。据史籍《通志·氏族略》《元和姓纂》以及《唐书·世系表》等记载，周朝建立以后，封商朝皇族微子启于宋地（今河南商丘），建立宋国。微子之后有人名牛父，官宋国司寇（掌管刑狱的人）。宋武公时，游牧民族长逖人进攻宋国，牛父率军抵御，不幸战死。他的儿子便以他的字为姓，称为牛氏。牛氏族人大多尊奉牛父为得姓始祖。由此世代相传至今，史称牛氏正宗。

其三是说源于官位，出自西周时期官吏牛人，属于以官职称谓为氏。牛人，是西周时期所设官位，专职负责饲养国家牛畜，然后按典制贡送诸侯，保障诸侯的肉食、祭祀之用。牛人隶属于地官府司管辖，职位上大夫。在牛人之下还设有中士二人，下士四人，吏四人，丞四人，徒十二人，役若干，是两周时期很重要的官职。《周礼·地官》中记载："牛人，掌养国之公牛，以待国之政令。"这个"公牛"，不是指雄性牛，"公"是一种中央政府的官称。到了南北朝以后的北周政权，模仿周制亦设置典牛中士一人，其职能如同牛人，官秩正八品。在牛人的后裔子孙中，有以先祖官职称谓为姓氏者，称为牛人氏，后简化为单姓牛氏，世代相传至今。

其四是说源于改姓，出自寮姓，属于汉化改姓为牛氏。据《隋书》及《路史》记载，隋朝时期的牛弘，其父名为寮允，在北魏朝廷做侍中时，被赐恢复祖姓牛氏。古代辽、寮、了三字通假，故寮氏也称为寮氏、了氏。还有，我国少数民族改用汉姓时，也有一部分改为姓牛。如今，满族、藏族、蒙古族、土家族、纳西族、东乡族、回族、朝鲜族、彝族等民族都有以"牛"为姓者。

其五是说源于民间，属于以职业技能为姓。农家自古就与牛为伴，终日不离，因此有的就以牛为姓。还有一种说法是，姓牛的祖先是以放牛为生，故以职业为姓氏，被称为牛氏，其后代世代相传至今。

第七章

与牛有关的古诗词赋

一、反映乡村生活的古诗词

（一）唐代元结的《将牛何处去》

> 将牛何处去？耕彼故城东。
>
> 相伴有田父，相欢惟牧童。

元结（719—772），字次山，号漫叟、聱叟，唐代文学家。因曾避难入猗玗洞，而号猗玗子，河南洛阳人。

这是一首五言绝句，意境比较简略。诗中描写了少有人烟的荒城，自问牵牛何处去，自答去耕故城东边的那片荒地。伴随牛儿的有农夫，让牛儿轻松快活的还有放牧它的牧童。这首诗呈现出一派人牛相依、恬静自娱的乡野农耕生活情景。

（二）唐代元稹的《田家词》

> 牛吒吒，田确确，旱块敲牛蹄趵趵。
>
> 种得官仓珠颗谷，六十年来兵蔟蔟，月月食粮车辘辘。
>
> 一日官军收海服，驱牛驾车食牛肉。
>
> 归来攸得牛两角，重铸锄犁作斤劚。
>
> 姑舂妇担去输官，输官不足归卖屋，愿官早胜仇早复。
>
> 农死有儿牛有犊，誓不遣官军粮不足。

元稹（779—831），字微之，别字威明，河南洛阳人。唐天宝安史之乱后，各地方武官拥兵自重，不服从中央，形成方镇割据之势，并威胁到中央统治。方镇之间为争夺地盘也混战不休，长期困扰李唐朝廷，给人民带来极大的苦难。这首诗就描写了当时民生的艰难。牛喘不止，耕作不休，即使久旱，也要力耕，方能为官家种得像珍珠一样贵重的粮食。各地烽烟四起，战无休日，国无宁日，民无安日，月月都要输送军粮。农家期盼着一旦官军平定方镇割据势力，那时甘愿驾牛驱车送肉劳军；军士也可以解甲归田，安闲的买牛置地，重购犁锄，过上夫耕妇织的太平日子。

诗中描述了兵士的姑姑舂米，妻子去送官粮，官粮不够就回来卖房子。但愿官军早日平定四海，为朝廷也为农家报仇。农夫死了还有儿子在，老牛死了还有牛犊在，农家发誓不使军粮不足。这一方面反映了农家拥护官军，另一方面也说明农家期望天下能太平。

（三）唐代李涉的《牧牛词》

> 朝牧牛，牧牛下江曲；
> 夜牧牛，牧牛度村谷。
> 荷蓑出林春雨细，芦管卧吹莎草绿。
> 乱插蓬蒿箭满腰，不怕猛虎欺黄犊。

李涉，大约生活在唐宪宗至文宗年间。这首诗描写了牧童的辛苦，也写出了牧童的天真。他上午到江边牧牛，傍晚在村口牧牛，在细雨中牧牛，在草地上牧牛。然而，牧童虽过早地承担起生活的重任，却不失天真。他把自己想象成英雄，将蓬蒿当箭，胡乱插满腰间，如果猛虎敢来叼黄牛犊，他就用这些箭来射杀猛虎。

这首诗刻画儿童心理活动细致入微，活灵活现。诗中的"荷蓑"是指披上蓑衣，"芦管"是指牧笛。

（四）唐代陆龟蒙的《五歌·放牛》

> 江草秋穷似秋半，十角吴牛放江岸。
> 邻肩抵尾乍依偎，横去斜奔忽分散。

　　　　　荒陂断堑无端入，背上时时孤鸟立。

　　　　　日暮相将带雨归，田家烟火微茫湿。

　　陆龟蒙（？—881），字鲁望，别号天随子、江湖散人、甫里先生，江苏吴江（今苏州）人。

　　这首诗描写了吴江放牛，内容生动有趣。其中的牧牛场景如在目前，牛忽而在一处吃草，彼此比肩相邻，尾相挨，亲密接触。一会儿因牧童呵斥或该处草已吃光，而横去斜冲，各奔东西，或上荒坡，或入堑。牛低头吃草，鸟儿或因吃牛身上的寄生虫，或拿牛背当临时歇息地，时时停于牛背之上，这真是一幅牧牛的画卷。日暮归来，野景模糊，牛身带雨。在暮色苍茫中，农家的炊烟也因秋雨绵绵而显得有些湿润。

　　诗人对于乡村生活的观察细致入微，字里行间都流露出对于乡村生活的那份热爱之情。诗中的"十角"是指五头牛，"吴牛"就是指耕牛，"荒陂"是指黄山。

（五）唐代陆龟蒙的《祝牛宫词（并序）》

　　冬十月，耕牛为寒筑宫，纳而皁之。建之前日，老农请乞灵于土官，以从乡教，予勉之，而为词曰：

　　　　　四牸三牯，中一去乳。

　　　　　天霜降寒，纳此室处。

　　　　　老农拘拘，度地不亩。

　　　　　东西几何，七举其武。

　　　　　南北几何，丈二加五。

　　　　　偶楹当间，载尺入土。

　　　　　太岁在亥，余不足数。

　　　　　上缔蓬茅，不远官府。

　　　　　耕耰以时，饮食得所。

　　　　　或寝或讹，免风免雨。

　　　　　宜尔子孙，实我仓庾。

　　这是一首当时修筑牛舍的祝祷词，因而十分难得。过去农家破土动工、上梁、合龙等都要致祝词，避太岁，选择吉日，选择方位，以免犯煞犯冲。这首诗对兴建牛舍的过程，作了细致的描写，从乞灵土官（即土地菩萨），到丈量土地，东西长多少，南北宽多少，至选择方位，避开太岁，到埋柱一尺等。这首诗反映出当时的农家风俗，对今人了解唐代时期农家生活、建屋造舍等，都提供了直接的信息，是一篇绝好的风俗志。

陆龟蒙是个读书人，按照孔子《论语》"子不语怪力乱神"的教导，本不应参与带有迷信色彩的活动。但兴建牛舍是助农利农之事，也可算是一种爱畜育畜的善举，故而勉从其请，为其作祝牛宫兴建之词，正所谓文人也要入乡随俗也。全诗以祈福之语结束，也是随顺农家的心愿，愿牛子牛孙顺利繁衍，愿农家仓满庾满，能过上温饱无虞的太平日子。

（六）宋代文同的《毛老斗牛图》

牛牛尔何争？于此辄斗怒。

长鞭闹儿童，大炬走翁妪。

苍楼八九子，骇立各四顾。

何时解角归，茅舍江村暮。

文同（1018—1079），字与可，号笑笑居士、笑笑先生，人称石室先生。

这本是一首题画诗，但这首诗就是一幅生动的乡村斗牛图。两牛相斗，在乡村是常见的事，也是一件大事，牛斗有时伤人，有时伤牛。所以解斗是当务之急。首先，是牧童用鞭子赶牛，家中的老夫老妇唯恐伤己牛、伤人牛，就赶快点燃火炬来解斗。结果引得与斗牛无关在楼上的八九人，也恐牛斗祸及人、祸及牛而张皇四顾，看谁有能力来解牛之斗。

然而，任你鞭打火燎，使尽各种招数，牧童无法解斗，老农也无法解斗，只有等到江村日暮，四野昏黑，牛因长久相持而肚渐饥、力渐乏了，才不得不罢斗各自归家。牛未伤，人未祸，一场角斗终于平安落幕。透过阅读诗文，让我们看到了唐代乡村两牛相斗的场景，以及农家人解斗的各种招数。

（七）宋代郭祥正的《题潘温叟家藏戴牛画卷》（二首）

其一

不辞耕遍主家田，日暮归时欲饱眠。

渡尽惊波莫回首，后来犹苦牧儿鞭。

其二

茫茫陂水暮秋天，乍脱耕犁未得眠。

矫首冲波方尽力，牧儿何用更挥鞭。

郭祥正（1035—1113），字功父，自号谢公山人，又号漳南浪士，当涂人。

诗题中的"戴牛"是指唐代画家戴嵩所绘之图。韩滉（绘有著名的"五牛图"）镇守浙西，戴嵩为巡官，以滉为师，擅画田家，写山泽水牛尤为著名，与韩干画马并称"韩马戴牛"。

这首诗描述了画家戴嵩真有恤牛之心，对牛体察入微。诗的意思是：牛儿起早睡晚耕作未得闲，受累、吃苦，回程渡河还要奋力冲波，牛儿真是太辛苦了，但愿牧童不要再鞭打它了。

（八）宋代黄庭坚的《题竹石牧牛》

野次小峥嵘，幽篁相依绿。

阿童三尺箠，御此老觳觫。

石吾甚爱之，勿遣牛砺角。

牛砺角尚可，牛斗残我竹。

黄庭坚（1045—1105），字鲁直，自号山谷道人，晚号涪翁，又称豫章黄先生，洪州分宁（今江西修水）人。北宋诗人、词人、书法家，为江西诗派开山之祖。

这是一首题画诗。画中表现竹林与石山间放牛之景。一小牧童手执牧牛鞭放着牛，他怕牛儿去石山磨角，伤了石景，也怕牛儿打架毁了美丽的竹林。全诗生动有趣，使人感到那诗中的画面浮现在眼。

（九）宋代张耒的《牧牛儿》

牧牛儿，远陂牧，

远陂牧牛芳草绿，儿怒掉鞭牛不触。

涧边古柳南风清，麦深蔽日野田平。

乌犍砺角逐草行，老牸卧嗅饥不鸣。

犊儿跳梁没草去，隔林应母时一声。

老翁念儿自携饷，出门先上冈头望。

日斜风雨湿蓑衣，拍手唱歌寻伴归。

远村放牧风日薄，近村牧牛泥水恶。

珠玑燕赵儿不知，儿生但知牛背乐。

这首诗描写春日的乡野风光及牧童的苦与乐。先写牧童赶牛到水草丰美的远山去放牧，牧童嫌牛走得慢，挥鞭恫吓，甚或抽打牛，但牛儿并不反抗，也并不恼恨，因为牛儿与牧童已经是老朋友了，更何况牧童是赶它们去一个有吃有喝的好地方。一路上，南风拂熙，垂柳依依，麦深蔽日，田野平阔，黑牛一路摇着牛角逐草前行。一路上，老母牛已经走累了，俯卧在地上只顾吃草，叫也懒得叫一声。小牛犊则蹦跳着在草丛里跑来跑去，只是隔着树林不时回应一下牛妈妈的呼唤声。

牛念其犊，父亦惦其子。老翁怕儿饿着，去为牧童送饭，也不知牧童去向何方，出门时先要登上山岗，看一看其子在何处。天气也是阴晴不定，到黄昏时已是斜风细雨打湿蓑衣，可是牧童还是心情愉快地走在归途中。远村放牧总是免不了风吹雨打和日暮晚归，可是在村庄附近又没有良好的水草。什么珍珠美玉，什么燕赵佳人，这些都不在牧童的视野之内。只有骑在牛背上，漫步于青山绿水之间，观一路的山光野色，那才是人生之乐。

（十）宋代陆游的《买牛》

老子倾囊得万钱，石帆山下买乌犍。

牧童避雨归来晚，一笛春风草满川。

这首七绝描写老农夫爱牛，攒钱买了头黑水牛牵回家。牧童雨后骑着牛儿，在春风中一路吹着笛子欢乐地归来。诗中的"老子"是指老农夫，"乌犍"是指黑牛。

这首诗反映了当时牛对于农家的重要性，农家倾其所有也要买到一头牛，买到牛就意味着未来全家的生活会越来越好。

（十一）宋代陆游的《牧牛儿》（四首）

其一

南村牧牛儿，赤脚踏牛立。

衣穿江风冷，笠败山雨急。

其二

长陂望若远，隘巷忽相及。

儿归牛入栏，烟火茆檐湿。

其三

溪深不须忧，吴牛自能浮。

童儿踏牛背，安稳如乘舟。

其四

寒雨山陂远，参差烟树晚。

闻笛翁出迎，儿归牛入圈。

这四首五言古诗，描写的是陆游故乡吴中的农家风景。四首诗的主人公都是年幼的牧童和壮实的水牛，全诗极富生活气息。

第一首描写小牧童顽皮地赤脚站立在宽阔的牛背上。这天真的孩子衣服破洞、斗笠陈旧，承受着寒冷的江风和山雨的袭击，作者那种怜悯之情跃然纸上。

第二首描写黄昏时分，牧童骑牛归家，山坡看来绵长，但是牛已路熟，很快就到了他家那条陋巷，家里已经在烧晚饭，湿雨的茅檐上升起缕缕炊烟。这首诗给人带来一种归家的温暖。

第三首描写牧童引牛渡过溪流，水虽然深，但水牛却能浮在水面上，牧童站在牛背上，安稳得就像乘船一样。这首诗写出了牧童那种安然与自在。

第四首描写牧童冒雨放牧，天晚了吹着牧笛归来，家里的老人听到笛声急忙出来相迎，心疼地拉着被山雨淋湿的孩子进屋，拉着湿漉漉的牛进圈。全诗二十字，用笔寥寥，却展示出了牧童的辛苦与归家的温暖。

（十二）宋代赵蕃的《晨起见牧牛者》

前者蓑而眠，后者笠而坐。

陂长不待鞭，草软无用莝。

蚤耕楚廛力，午放长逸卧。

薄暮翁洗犁，儿歌互相和。

赵蕃（1143—1229），字昌父，号章泉，原籍郑州，南宋著名诗人。

这首五言古风，是描写清晨看见几个牧牛人的场景，并由此联想到乡村农家生活的逸趣。这首诗的前四句是写实，后四句是联想。前四句说：放眼向草坡望去，前面有一些人穿着蓑衣躺着，后面有一些人戴着斗笠坐着；耕牛不用轰赶就沿着草坡吃着细草，草很细嫩，都不用割回来铡断。后四句说：上午耕田是很劳累的，到了午间就连牛也要让它悠闲地卧一阵。薄暮中老农就该清洗耕犁了，隐约间还能听到孩子们对歌的唱和声。

（十三）元代赵孟頫的《牧牛图》

杨柳青青柳絮飞，坡塘草绿水生肥。

一犁耕罢朝来雨，却背斜阳自在归。

赵孟頫（1254—1322），元代书画家，字子昂，号松雪、鸥波、水晶宫道人，浙江湖州人。

这首诗描写了一头耕罢归来的牛。牛显得有些疲倦，也很有点充实感——毕竟是完成了一天的劳动。诗写得很美，前面两句描写出一幅和暖美丽的春天景象。这头牛就是在这样的美景中完成一天的工作。杨柳映照着池塘，斜阳抚慰着耕牛。这是一幅多么惬意的画面。

（十四）元代洪希文的《饭牛歌》

牛吒吒，蹄趵趵。枯萁啮尽芳草绿。

自晡薄夜不满腹，撷菜作糜豆作粥。

　　　　饲饥饮渴两已足，脱纲解衔就茅屋。

　　　　不愁饥肠雷辘辘，风檐独抱牛衣宿。

　　　　丁男长大牛有犊，明牛添种南山曲。

　　洪希文（1282—1366），字汝质，号去华，莆田人，元代诗人。有《续轩渠集》等传世。

　　这首诗描写了一位对未来充满希望而又吃苦耐劳农夫。牛儿待哺，他喂了干草喂青草，忙了大半天，快到晚上了自己还是腹中空空，胡乱摘点菜作个豆粥就算吃饭了，却把牛当宝贝似地牵进了屋里。顾不得自己还是饥肠辘辘，就披衣宿在檐下了。虽然劳苦，但他心里却很踏实，盘算着只要儿子长大了，牛生下了牛犊，明年再多种点山坳里的地，往后的日子就好过了。

二、抒发文人感怀的古诗词

（一）三国时期诸葛亮的《黄牛庙记》

　　仆躬耕南阳之亩，遂蒙刘氏顾草庐，势不可却。计事，善之。于是情好日密，相拉总师。趋蜀道，履黄牛，因睹江山之胜。乱石排空，惊涛拍岸。敛巨石于江中，崔嵬巇岏，列作三峰，平治绛水，顺遵贝道，非神扶助于禹，人力奚能致此耶？仆纵步环览，乃见江左大山壁立，林麓峰峦如画。熟视于大江重复石坚间，有神像影现焉，鬓发须眉，冠裳宛然，如彩画者，前竖一旌旗，右驻一黄犊，犹有董工开导之势。古传所载助禹开江治水，九载而功成，信不诬也。惜乎庙貌废去，使人太息。神有功助禹开江，不事凿斧，顺济月航，当庙食兹土。仆复而兴之，再建其庙，貌目之曰黄牛庙，以显神功。

　　诸葛亮（181—234），字孔明，号卧龙，徐州琅琊阳都人（今山东临沂市），三国时期为蜀汉丞相，是杰出的政治家、军事家。

　　这段文字是黄陵庙中尚存的一块诸葛亮为重建黄牛庙而篆刻的《黄牛庙记》碑文。黄牛庙，坐落在长江三峡的黄牛滩边，也被称为黄陵庙、黄牛祠，是长江三峡地区保存较好的唯一一座以纪念"大禹开江治水"而建造的古代建筑群，位于三峡西陵峡中段长江南岸黄牛岩下。据传说，是当年黄牛助禹开江有功，因此人们便在山下修了黄牛庙来四时祭祀。

（二）隋代柳顾言的《咏死牛诗》

> 一朝辞绀簦，千里别黄河。
>
> 对衣徒下泣，扣角讵闻歌。

柳顾言（542—610），名矕，字顾言，祖籍河东（今山西永济）后迁居襄阳。这首诗录自《艺文类聚》卷二十九，是一首正处在过渡阶段的五言诗，诗的后两句已具备近体五言诗的形态。诗题为"咏死牛诗"，故诗中会有"辞""别""徒""讵"等语。牛是与人非常亲近的家畜，古人常赞美其埋头苦干、任劳任怨的精神。此诗是用典故衬托出牛的这种品行，并表明与世间高士有割不断的联系。寥寥四句，飘逸而不黏重。

诗的前两句是说这头牛辞别了人间的风雨和劳苦，离开了千里黄河，该好好休息了。后两句都是双关语，上句既蕴涵了牛衣对泣之典故，又可以理解为见到牛衣而牛却不见的场景使人潸然泪下；下句也是如此，既蕴涵了扣角而歌之典故，又可以理解为"即使敲击牛角，牛又如何能听到歌声呢"这样一种惋惜之情。

（三）唐代李峤的《牛》

> 齐歌初入相，燕阵早横功。
>
> 欲向桃林下，先过梓树中。
>
> 在吴频喘月，奔梦屡惊风。
>
> 不用五丁士，如何九折通。

李峤（644—713），字巨山，赵州赞皇（今河北省）人。这首诗为五言律诗，几乎句句都含有与牛有关的典故，这说明与牛有关的典故众多，也说明牛对古代社会的发展有巨大的影响。"齐歌"是指宁戚饭牛而歌的故事，"燕阵"是指田单设火牛阵大破燕军，"桃林"是指《尚书·武成》中放牛于桃林的典故，"梓树"是指秦文公伐梓树时树丛里跑出公牛的典故。"喘月"是指吴牛喘月的故事，说明牛在农耕中吃苦耐劳、历经酷暑。

"奔梦屡惊风"包含两则典故，一则出自南朝刘义庆的《幽冥录》，另一则出自唐丘悦的《三国典略》，也是用来描述牛的劳役之苦，而使役者未必有怜悯之心，故牛屡屡有惊风之状，害怕被人宰杀，在睡梦中也不得安宁。"五丁"是指秦人用"牛能粪金"之计诱使蜀人以五丁力士开辟入蜀之道的故事。"九折"是指九折坂，意思是蜀道险陡、曲折太多，绝难行走。

全诗赞颂了牛之于人的功劳之高、绩业之伟。

（四）唐代诗人张籍的《牧童词》

远牧牛，绕村四周禾黍稠。

陂中饥乌啄牛背，令我不得戏陇头。

入陂草多牛散行，白犊时向芦中鸣。

隔堤吹叶应同伴，还鼓长鞭三四声。

牛群食草莫相触，官家截尔头上角。

张籍（约767—830），字文昌，苏州人。这首诗是以牧童的口吻，描写牧童的生活与感情。牧童"远牧牛"，本想让牛自行食草，他和同伴们则可尽兴的嬉戏一番。哪知"陂中饥乌啄牛背"，使之不敢丢下自己的牛去玩耍。后因"入陂草多"而牛贪食，结果牛群走散了。"入陂草多牛散行，白犊时向芦中鸣"这句将牛群的活动逼真地再现了出来。牧童们则分头去驱赶牛，并以"吹叶"等独特的方式相互联络。"隔堤吹叶应同伴，还鼓长鞭三四声"这句生动地描述了牧童们的牧牛场景，并让人感受到牧牛的乐趣。诗的结尾那句"牛群食草莫相触，官家截尔头上角"，则笔锋一转，以"官家"来吓唬牛，显得妙趣横生。

（五）柳宗元的《牛赋》

若知牛乎？牛之为物，魁形巨首，垂耳抱角，毛革疏厚，牟然而鸣，黄钟满脰，抵触隆曦，日耕百亩，往来修直，植乃禾黍。自种自敛，服箱以走，输入官仓，已不适口。富穷饱饥，功用不有；陷泥蹶块，常在草野。人不惭愧，利满天下。皮角见用，肩尻莫保；或穿绲縢，或实俎豆，由是观之，物无逾者。

不如羸驴，服逐驽马；曲意随势，不择处所，不耕不驾，藿菽自与；腾踏康庄，出入轻举。喜则齐鼻，怒则奋踯；当道长鸣，闻者惊辟，善识门户，终身不惕。

牛虽有功，于已何益！命有好丑，非若能力；慎勿怨尤，以受多福！

柳宗元（773—819），字子厚，世称"柳河东"，因官终柳州刺史，又被称为"柳柳州"。

柳宗元被贬谪柳州后，有感于当地人杀牛而作《牛赋》。赋文并不转弯抹角，而是开门见山，高度赞扬了牛的品格，利满天下，物无逾者，但最终还是肩尻莫保，使人遗憾。而善识门户、曲意逢迎的羸驴驽马，则可以腾踏康庄，当道长鸣。他以此来衬托牛的委屈，为牛鸣不平。结尾那句"慎勿怨尤，以受多福"，则是以命运为托词，作差为慰藉之语，表现了那种无可奈何的心境。此赋虽然是写牛，但实际上是暗含讽世道之不平。

（六）宋代梅尧臣的《耕牛》

破领耕不休，何暇顾羸犊。

夜归喘明月，朝出穿深谷。

力虽穷田畴，肠未饱刍菽。

秋收风雪时，又向寒坡牧。

梅尧臣（1002—1060），字圣俞，世称宛陵先生，北宋著名现实主义诗人。

这首诗的前四句描写了牛耕作时的恶劣环境，后四句写出了牛的生活情况，耕作时吃不饱，寒冷时吃枯草。诗人赞颂了耕牛的吃苦耐劳精神，同时也对耕牛的饥寒交迫困境表示出同情。作者运用比兴的手法，以耕牛的四时辛勤耕耘而不得温饱，来比喻广大民众终日劳作而缺少衣食。全诗寄托了诗人对穷苦民众的同情之心。

（七）宋代梅尧臣的《问牛喘赋·答人》

客有感前史问牛喘，广而赋义有由。余得摭遗辞，掇遗韵，索遗意，而用以酬。夫寒为冬，燠为夏，和为春，肃为秋。和以发生，则物萌而抽；燠为长养,则物盈而周;肃为登就,则物实而收;寒以闭结,则物藏而休。是则阴阳之道顺,而燮和之职修。

若乃当春而燠,是为行夏令;而火侵于木时,则有雨水不降,草木早落;火讹相惊,疾疫多作。故丞相当是月而见牛喘,恐天令之愆错。问从来之远迩兮,或力或暵而可度。匪贱人而忧畜,实原微而意博。所以元化日调,万汇时若。

及其后世,我自我,物自物,天自天,人自人。胡为乎冬,胡为乎春;孰谓差忒,孰谓平均。曰:吾委佩而端见,服美而食珍。上奉天子,下役烝民,夫何预于我哉,我亦无愧于兹辰。

梅尧臣为了酬和他人而作此赋,以汉丞相丙吉问及牛喘之事为主题,可以说是借牛发挥。其赋的主旨是阐述为官者应当如何执政为民。赋中提到,一方面应该重视时令,要与人事、农事相调和,不能任意役民,要像丙吉那样调协阴阳,做到"元化日调,万类时若"。既要防御灾害,又要及时为民众解忧。决不能如后世之官,不管天人,不管时令差忒,食俸禄而不干实事。

(八) 宋代王安石的《耕牛》

朝耕草茫茫,暮耕水潏潏。

朝耕及露下,暮耕连月出。

王安石(1021—1085),北宋文学家,字介甫,晚号牛山,抚州临川(今属江西)人,唐宋八大家之一。

这首诗的意思是说在野草茫茫中耕牛早上去耕地,在一片水汪汪中耕牛晚上也去耕地;早上去耕地,耕牛一身露水,晚上去耕地,要一直耕到月亮上山岗。其中的"潏潏",是指水涌出的样子。王安石怀着深深的同情与敬意,写出了耕牛的辛劳。说它早出晚归,栉风沐雨,泥里水里,有拉不尽的犁,耕不完的地,而且就这样年复一年、周而复始。

五言绝句在古代诗歌中是最为短小的一种。但王安石却通过"朝耕""暮耕"的两重对比,通过"耕"字的反复出现,写出了耕牛的那种艰辛感和负重感。其实这也是在借牛喻人,感慨人世间的艰辛。

（九）宋代苏轼的《书晁说之〈考牧图〉后》

我昔在田间，但知羊与牛。

川平牛背稳，如驾百斛舟。

舟行无人岸自移，我卧读书牛不知。

前有百尾羊，听我鞭声如鼓鼙。

我鞭不妄发，视其后者而鞭之。

泽中草木长，草长病牛羊。

寻山跨坑谷，腾踔筋骨强。

烟蓑雨笠长林下，老去而今空见画。

世间马耳射东风，悔不长作多牛翁。

苏轼（1037—1101），字子瞻，号东坡居士，世称苏东坡，眉州人，祖籍栾城。唐宋八大家之一，为豪放派词人代表。

这是一首题画的杂言古风。诗中以"我"字开篇，显示出作者把自己也放进了这幅画中。起始的 6 句，描述骑牛的感觉，说在牛背上就像坐船一样平稳，甚至还可以读书；接下来 4 句又转入牧羊的想象；再下面的 4 句，则叙述画面上牧草过分的茂盛，牛羊反而吃不到嫩草，只有翻山越岭去寻觅。最后的 4 句抒发感慨，想起以往蓑笠入林的野趣。而如今只有从画上去寻找那美好的感觉，何况面对世间种种闲言碎语，还真不如回家做个庄园主人会感到更加逍遥自在。

（十）宋代李纲的《病牛》

耕犁千亩实千箱，力尽筋疲谁复伤？

但得众生皆得饱，不辞羸病卧残阳。

李纲（1083—1140），宇伯纪，是北宋末抗金名臣，福建邵武人。李纲作为一代抗金名将，因其力主抗金，时常遭贬斥。这首诗言简意深，表现出牛一生献力人群，到了老年，力尽精疲，病倒尘埃，连个可怜它的人都没有那种凄凉晚景。其实李纲是借物喻人。诗的后两句"但得众生皆得饱，不辞羸病卧残阳"，一方面是称赞牛刻苦耐劳、服务农家，另一方面也是在说他自己不计个人名利得失，一心为国为民献身的那种忘我精神。

（十一）宋代陈与义的《题牧牛图》

千里烟草绿，连山雨新足。

老牛抱朝饥，向山影毂觫。

犊儿狂走先过浦，却立长鸣待其母。

母子为人实仓廪，汝饱不惭人愧汝。

牧童生来日日娱，只忧身大当把锄。

日斜睡足牛背上，不信人间有黄奥。

陈与义（1090—1139），南宋诗人，字去非，号简斋，河南洛阳人。这首诗写出了牛的神态，老牛因饥饿而颤抖，小牛却活泼狂奔，蹚水过了河，又回身等待着母牛。老牛的辛酸，小牛的可爱，形成了鲜明的对比。牛的辛酸在于：它一生辛劳，却不能为自己换来日日饱足。诗人也写出了牧童的忧乐，忧的是长大后就得承担繁重的农活儿，乐的是眼前骑在牛背上，可以一觉睡足，舒舒服服。诗中描绘出的画面由实生虚，由画内延展到画外，挖掘出了画的深刻意蕴，显示出了诗画相映、相得益彰的情景。诗人凭借着对生活的理解，仅从一幅画中就挖掘出如此丰富的内涵。

（十二）宋代释普明的《牧牛图》（十首）

其一：未牧

狰狞头角恣咆哮，奔走溪山路转遥。

一片黑云横谷口，谁知步步犯佳苗。

其二：初调

我有芒绳蓦鼻穿，一回奔竞痛加鞭。

从来劣性难调制，犹得山童尽力牵。

其三：受制

渐调渐伏息奔驰，渡水穿云步步随。

手把芒绳无少缓，牧童终日自忘疲。

其四：回首

日久功深始转头，癫狂心力渐调柔。

山童未肯全相许，犹把芒绳且系留。

其五：驯伏

绿杨阴下古溪边，放去收来得自然。

日暮碧云芳草地，牧童归去不须牵。

其六：无碍

露地安眠意自如，不劳鞭策永无拘。

山童稳坐青松下，一曲升平乐有余。

其七：任运

柳岸春波夕照中，淡烟芳草绿茸茸。

饥餐渴饮随时过，石上山童睡正浓。

其八：相忘

白牛常在白云中，人自无心牛亦同。

月透白云云影白，白云明月任西东。

其九：独照

牛儿无处牧童闲，一片孤云碧嶂间。

拍手高歌明月下，归来犹有一重关。

其十：双泯

人牛不见杳无踪，明月光含万象空。

若问其中端的意，野花芳草自丛丛。

释普明，生卒年不详，传说为宋僧。据考证，曾师从万松行秀禅师（1166—1246）。

这十首诗可称为禅诗，乃禅宗僧伽讲修行修心之法，以牧童喻人，以牛喻心或相反以牧童喻心，以牛喻人。所谓心猿意马，人心总是一刻不停地思虑，总是无所羁缚地天马行空，想入非非。只有像牛穿了鼻环，有了羁缚，受过调教，才能慢慢地有所收敛，渐入悟境，最后达到人自无心，万象皆空，人牛双泯的境界。释家所谓的跳出三界，即跳出欲界、色界、无色界，万念皆空，无欲无想。

释家说牧牛十图的含义如下：

其一：未牧。心烦躁不安，万虑相煎，百欲搅扰，不得安宁。

其二：初调。如牛穿鼻，虽痛苦却有羁缚，因而得以收住心性。

其三：受制。心渐渐收敛，意不乱驰，此正紧要关口，一刻也不能放松手中的绳索，须严加自我控制。

其四：回首。能自省与觉照，调服心性。但此时仍不能纵其自由。

其五：驯伏。能自我驾驭心性，使不生妄念，渐臻悟境。

其六：无碍。心得自由，无所羁执，怡悦随之而生。

其七：任运。人得自由，心亦无羁，任其运营，不劳"山童"。

其八：相忘。心无杂念，与世相忘，白牛长云，来去自如。

其九：独照。慧根开悟，性灵自见。牛儿无处，牧童自闲，但青山碧嶂，犹有一重关隘未过。此关隘何指？指犹有皮囊，未达寂灭，难成大道。

其十：双泯。人牛不见，万象虚寂，涅槃道成。

这十首诗言佛家四谛，即所谓苦、寂、灭、道是也。《牧牛图》在禅门流传广远，偈颂甚多，而尤以宋代释普明此诗受关注度最高，解说者亦多。

（十三）元代宋无的《老牛》

> 草绳穿鼻系柴扉，残喘无人间是非。
> 春雨一犁鞭不动，夕阳空送牧儿归。

宋无（1260—1340），字子虚，号曦颜，苏州人。工于诗，善画墨梅。

这首诗描写了耕牛晚年的凄凉处境。一条草绳将之拴在柴门上，活在苟延残喘之间也无人过问。风雨中农夫还是使劲挥鞭抽打，但可怜的老牛再也拉不动犁了。夕阳中就连牧童也丢下老牛自己回家了。这首诗实写老牛的命运，但却是在虚喻人事，发人深思，耐人寻味。

（十四）元代舒颂的《百牛图歌》

> 緊谁画此百牛图，绢素淋漓悬两壁。
> 摩挲细认角头奇，无乃戴嵩留宦墨。
> 牧童骑策过前村，春树阴阴春草碧。
> 云收雾敛山花明，远近巅崖翠光湿。

平湖新岸水浅深，皱觳粼粼如展席。

犊眠草间牛不乳，饥啮青刍砺苍石。

或饮或浴云满身，物我相忘祗自得。

横斜体态百头殊，牧竖笼雏戏阡陌。

有时背上颠倒骑，细雨斜阳横短笛。

时平放尔桃林中，布谷催耕苦相迫。

比年兵革弥天下，千畦万陇生荆棘。

只今农父把锄犁，处处开耕皆尔力。

斗米三钱户不扃，四海苍生无菜色。

舒顿（1304—1377），元末诗人，字道原，安徽绩溪人。

画家画一百头牛，这是对绘画艺术的一种挑战。画中不仅要使牛逼真，而且还要各具体态，并将一百头牛组成一个整体画幅。不成整体则不成艺术。当诗人面对一幅画法精湛的百牛图时，一定是在推测这幅画卷是不是戴嵩所作。

诗人用语言艺术来表现这样一幅百牛图，这本身就是对自己诗句驾驭能力的一种挑战。因为，再形象的语言，也不如一幅画面那么直观。诗句如果没有高于画幅的地方，那做诗就是多余之举了。

今天，人们已经无法将诗与画作对比了（画已失传，诗词尤在）。但就诗而言，已经表现出极高的语言艺术魅力。因为人们透过这些诗句，对于百牛图的想象是生动而美好的。

诗词以"绢素淋漓"，来称赞画家的笔墨生动，以"角头奇"来称赞画家具有非凡的造型能力。对于画面，先描写画面的背景与气氛；再描写画中之牛的各种姿态。最后六句作者跳出画幅，联系现实，表现了作者的期望。他希望在战乱之后，恢复农耕之时，耕牛们能多多出力。并且早日实现粮价低廉、夜不闭户的社会理想，使天下黎民都能有丰足的生活。至此，诗词的意蕴已经跳脱了画幅，诗作已获得了独立存在的艺术价值。

（十五）明代高启的《牧牛词》

尔牛角弯环，我牛尾秃速。

共拈短笛与长鞭，南垄东冈去相逐。

日斜草远牛行迟，牛劳牛饥惟我知。

牛上唱歌牛下坐，夜归还向牛边卧。

长年牧牛百不忧，但恐输租卖我牛。

高启（1336—1374），明初诗人，字季迪，号青丘子，长洲（今江苏苏州）人。

在这首诗中高启描写了牧童与牛那种亲密的关系，他们整日相伴，甚至牧童夜里还要睡在牛的身边，因而对牛产生了深深的依恋之情。所以，牧童什么都不怕，就怕被迫卖掉牛。诗词用乐府诗的形式，写出了人与牛相互依伴的欢乐。在诗的结尾，也写出了当时的租税繁重，而农民如牛负重的严酷现实情景，那就是"长年放牛什么都不愁，就怕交租时没钱只好被逼卖了我的牛。"

（十六）清末民初吴昌硕的《墨牛》

劫后荒田耕遍，家家户户还租。

莫道一牛蠢物，曾陪老聃著书。

吴昌硕（1844—1927），近现代诗人、书画家，本名吴俊卿，字昌硕，浙江安吉人。

诗的意思就是：灾难过后，全靠牛耕遍了荒田，家家户户全靠它还清了欠租。不要说牛是一个愚蠢的动物，它曾在函谷关陪着老子写出了那著名的《道德经》。

全诗就是对牛的赞美词。牛既能耕田，为人间提供衣食和租税，又能陪伴圣人著书，留下宝贵的精神遗产。

第八章

与牛有关的词语、成语和对联

没有比语言能更好地表现人类的思想和情感了。古人说："情动于衷而形于言。"而现代人更是把语言作为一种最重要的交际手段。牛文化渗透到我们社会生活的各个方面，因此也就自然会在语言中表现出来。那些民间质朴的语言素材，经过了口口相传，在社会生活中得到了保留和传承。

口口相传的生活俗语，也会随着社会发展而不断地发展。其表现形式多种多样，有一般词语、歇后语、谚语、成语、对联和民间歌谣等多种形式。这些或幽默、或机敏、或诙谐的口头语，不仅在语言艺术上独具魅力，而且其中也包含着深刻而丰富的牛文化内涵。

一、与牛有关的一般词语

B

罢牛：就是指衰老的牛。

白牛车：为佛教用语，用来比喻佛法中之大乘。

奔牛：借用牛一往无前的力量，喻指战胜对方。

鞭牛（鞭春牛）：旧俗立春日人们造土牛（春牛）以劝农耕，州县及民众鞭打土牛，象征春耕开始，以祈盼来年的丰收。

抃牛：原意为两手拉开相斗的牛，后用来比喻具有超人的勇气和力量。

C

菜牛：指专供食用的牛，也叫做肉用牛。

骒牛：指没有鞍具的牛。

犨牛：犨，是指牛的喘息声。犨牛是指牦牛。

春牛：一个意思是指春日的耕牛，另一个意思是指打春活动中用的土牛。按旧俗，在立春前一天，人们要用土牛打春，以示迎春和劝耕。

春牛图：是旧时日历的一种，用单纸印制，上面印有象征农事的春牛图案。

D

帝牛：古代郊外祭祀时所用之牛。

斗牛：也作"牛斗"，是指二十八星宿中的斗宿和牛宿。另外，也指一类竞技活动，包括人与牛斗和牛与牛斗。

斗牛服：为明代赐予一品官员的官服，上绣有虬属兽斗牛，故名斗牛服。

斗牛宫：是指南斗星宫和牵牛星宫。

F

饭牛歌：又名《扣角歌》《牛角歌》《商歌》，为古歌名。相传春秋时卫人宁戚喂牛于齐国东门外，待桓公出，扣牛角而唱此歌。

肥牛：旧指养于涤内以供祭祀或食用的牛。涤，意为养牺牲畜之室。

封牛：是指一种颈上有肉隆起的牛，也叫"峰牛"或"犎牛"。

G

牯牛：就是指公牛。

H

火牛：是指双角缚兵刃，尾部束苇灌脂，焚之使其冲杀敌军的牛。

J

郊牛：古代帝王郊祭时尚未卜日祭祀的牛。

金牛：旧时各地多有金精化为牛的传说，于是就将牛视为祥瑞之物。于是，一些县镇、山川、湖岗便以"金牛"命名。比如，古川陕间栈道之南栈就叫金牛峡，陕西省勉县之西，南至四川省剑阁县之剑门关口，就称为金牛道。

K

跨青牛：用来比喻出世学道。相传老子就是骑青牛出函谷关而仙去。

夔牛：指传说中一种高大的野牛。

坤牛：《周易》取物象义，以牛的柔顺和负重载物作为坤卦之象，故称为"坤牛"。

L

累牛：交配期的公牛，也泛指公牛，亦作"忙牛"。

骊牛：是指黑色的牛，亦称"黑牛"。

两骑牛：就是指一个人骑两头牛，用来比喻人同时依附于对立的两方。

露白地牛：驯养日久听人役使的耕牛。佛教用来比喻皈依佛法者。

N

泥牛：就是指土牛。古人有风俗于立春时以泥土制牛，用以鞭打，以象征春耕开始，劝农耕种。

牛鼻子：原意是指牛的鼻子，现用来比喻事物的要害或关键。

牛脖子：原意是指牛的脖子，现用来比喻人的脾气倔强。

牛涔：是指牛足印中的水，用来比喻狭小的境地。

牛喘：意思是牛因天气热而喘息，一般用来比喻庶民之疾苦。

牛鼎：是指可容纳一头牛的鼎。"饭牛负鼎"的故事是说伊尹负鼎勉汤称王和百里奚饭牛车下之事，后借指人有远大的抱负。另外，也是鼎名，其足饰形似牛首。

牛犊：指小牛，也叫牛犊子，亦作"犊牛"。

牛铎：是指牛铃，亦指牛铃声。有时也借指人才。

牛耳：在古代诸侯会盟时，会割牛耳取血，置牛耳于盘，由主盟者执盘分尝诸侯为誓，以示信守。后用以指在某方面居于领袖地位的人。

牛腹书：一般借指伪造的文字材料。

牛耕：以牛耕田。

牛鬼少年：比喻才华横溢的少年，尤其是指唐代诗人李贺。李贺的诗构思奇特，杜牧谓之"鲸呿鳌掷，牛鬼蛇神，不足为其荒诞虚幻也。"

牛祸：指发生于牛身上的怪异现象，多指怪胎。古人认为牛生怪胎就意为着将有灾祸降临。

牛藿：是指用牛肉和豆叶做成的羹。

牛骥：指牛和千里马。一般用来比喻指愚人与贤者。

牛金：也做"牛劢"。元曲中称那些乡间有财势或好事的少年子弟。

牛具：指耕牛和农具。另外，"牛具"也是金代的赋税单位，一耒加三头牛为"一具"。

牛脍：指切细的牛肉。

牛录：是清八旗组织的最早基层单位，起源于满族早期集体狩猎组织。最初，每1牛录辖10人；以后，所辖人数逐渐扩大到300人，并设统领官1人，被称为"牛录额真"。另外，"牛录"也借指清兵。

牛脔：指切成块的牛肉。

牛马：原意是指牛和马，"其畜宜牛马，其谷宜黍稷。"用来比喻为生活所迫不得已而从事艰苦劳动的人。

牛毛雨：是指细而密的小雨。

牛鸣：是指牛鸣声可及之地。一般用来比喻距离较近。

牛腩：是指牛肚子上和近肋骨处的松软肌肉，亦指用这种肉做成的菜肴。

牛弩：是指用牛的筋、角制成的一种强力弩弓。

牛棚：就是指牛栏，牛的棚舍。

牛气：一般用来形容人自高自大的骄傲神气。

牛篋：指牛皮做的小箱子。

牛券：是指买卖牛的契约。

牛山客：用来比喻哀叹人生短暂的人。

牛牲：是指作为祭品的牛。

牛蓑：是指牛衣，也泛指蓑衣。

牛弯：是指牛拉东西时，搭在颈上的人字形弯木。

牛王：是指牛神。也是佛的异名，比喻佛有运载众生的巨大力量。

牛享：指古代用牛作祭祀的供品。

牛骍：指赤色牛。古代用来做祭祀的牺牲品。《论语·雍也》："犁牛之子，骍且角，虽欲勿用，山川其舍诸？"何晏集解："骍，赤也。"

牛鞅：是指牛拉车时架在脖子上的套具。

牛衣：是指供牛御寒用的披盖物，如蓑衣之类。也用来比喻贫寒，亦指贫寒之士。

牛折齿：一般是用来比喻过分溺爱子女。

牛胾：是指大块的牛肉。

P

犏牛：是指牦牛和黄牛交配所生的第一代杂种牛。母牦牛和公黄牛生的称为"真犏牛"；公牦牛和母黄牛生的称为"假犏牛"。犏牛比牦牛驯顺，比黄牛力气大。母犏牛产乳量高，公犏牛没有生育能力。

仆牛：即驯养之牛。

Q

齐牛：是指供祭祀用的牛。

潜牛：是指生活在南方江河中的野牛。

青牛：首先是指黑毛的牛；其次也指土牛，旧时立春要塑土牛用以劝耕，因此又称为"春牛"；第三是指传说中神仙道士的坐骑；第四是指神话中千年木精所变之牛。

青牛句：借指老子的《道德经》。

青牛妪：是指神话传说中的土地之神。

囚牛：是传说中的怪兽，旧时多刻于胡琴头上。

全牛：就是指完整的牛。也用来比喻技艺熟练，已经到了得心应手的境界。

S

赛牛王：是指旧俗新春时祭祀牛神。

沙牛：就是指黄牛。一般用来比喻忠实诚恳为别人服务的人。

射牛：古代帝王、诸侯祭祀天地、宗庙，必亲自射牛，以示隆重。

石牛：第一是指石雕之牛，古人常将其列于陵墓前；第二是指石质牛形的灵异之物，古人迷信，以为石牛的出现会象征祥瑞或预示灾变。

嵩牛：唐代画家戴嵩和韩滉，他们都善画水牛和田园风景，画牛尤有神韵，世称其所画之牛为"嵩牛"。

T

铁牛：第一是指铁铸的牛，古人治河或建桥，往往铸铁为牛状，置于堤下或桥塅，用以镇水。第二是借指性情刚直的人。第三，现代人也以"铁牛"来称呼拖拉机。

屠牛：是指以宰牛为职业的人。

W

卧牛城：是指宋代的汴京城，即今天的开封城。

X

牺牛：是指古代祭祀用的纯色牛。

刑牛：是指古代盟誓时作牺牲用的牛。

休牛：是指归还用来农耕的军用牛，用来形容停止战事，鼓励农耕。

Y

鞅牛：是指套了驾具的牛。

野牛：是野生哺乳动物，形状与家牛相似，因产地不同而有多种类型。

Z

杖牛：即打春牛。古时立春日，以泥作"春牛"（或称"土牛"），用彩杖鞭"牛"，以行"打春"之礼，以示春耕开始。

竹牛：是野牛的一种。

赘婿得牛：用来形容审理案件果断、明了。

二、与牛有关的歇后语

歇后语是老百姓在日常生活实践中创造出来的一类俗语，是一种广泛流传于民众口头上的形象而含蓄的语言形式，具有一定的文学性。歇后语的结构比较特别，皆由前后两部分构成。歇后语有两大类：一类是喻义的歇后语，另一类是谐音的歇后语。

A

按着黄牛当马骑——赶不上去

B

把牛角安在驴头上——四不像

八岁的黄牛——老掉牙

柏油马路过牛羊——稳稳当当

笨牛吃麻雀——不好捉弄

抱着琵琶进牛圈——对牛弹琴

逼着牯牛生子——强人所难

壁上的春牛——犁不得地

布袋里装牛角——内中有弯

C

苍蝇给牯牛抓痒——无济于事

茶罐（壶）煮牛头——放不下去

车后拴小牛——歹毒（带犊）

吃了鱼钩的牛打架——钩心斗角

冲沟里放牛——两边吃

初生的牛犊——不怕虎

穿了鼻子的牛——让人牵着走

吹牛不打草稿——信口开河

D

大牯牛落在井里——有劲使不上

得牛还马——礼尚往来

灯草打老牛——不痛不痒

灯芯上煨牛筋——快不了

顶架的牛——好斗

丢了黄牛撵兔子——不知哪大哪小

丢了一只羊，捡到一头牛——吃小亏占大便宜

斗败的老牛——不服气

斗横了的牦牛——拉出干的架势

犊子口里含嚼子——牛头不对马嘴

犊子踢牛婆（母牛）——恩将仇报

对牛弹琴——白搭

对着牛嘴打喷嚏——吹牛

E

二牛抵头——豁出脑袋来干

二套牛车拉苇子——看花眼了

F

放牛上山——步步登高

放牛娃去放马——乱了套了

疯牛钻进死胡同——不好回头

G

赶牛进鸡舍——不对路

隔山买老牛——两不见面

隔着黄河赶牛——鞭长莫及

耕地里甩鞭子——吹牛（催牛）

耕牛吃羊草——怎能吃得饱

耕牛吃庄稼——不分彼此

耕牛为主遭鞭杖——恩将仇报

耕田的老牛——被人牵着鼻子走

狗怕棍子牛怕鞭——一物降一物

牯牛穿鼻绳——恼火

过界的蛮牛——想找顶角来的

H

蛤蟆和牯牛比大小——气鼓气胀

耗子钻牛角——越钻越紧，死路一条

好打架的牛——只知朝外顶

厚皮黄牛——宜打不宜牵

黑天捉牛——摸不着角

胡萝卜拴牛——跟着跑

画上的春牛——中看不中用

花鞋踩在牛粪上——底子臭

黄牛背上的跳蚤——自高自大

黄牛吃草——吞吞吐吐

黄牛打架——死顶

黄牛的尾巴——两头摆

黄牛过河——各顾各

黄牛脚印水牛踩——一个更比一个歪

黄牛落泥塘——越陷越深

黄牛犁地——有劲慢慢使

黄牛拿耗子——有劲使不上

黄牛拴鼻绳——跑不了

黄牛钻进象群里——是个小老弟

黄鼠狼拖牛——自不量力

黄鼠狼戏水牛——大的没有小的凶

J

叫牛坐板凳——办不到

脚踩牛粪——一塌糊涂

九牛爬坡——个个出力

九牛一毛——微不足道

K

口渴的牛犊望井底——解不了渴

L

拉牛过河——牵着鼻子走

拉牛尾巴的人——倒退

懒牛拉磨——不打不走

老牯牛走路——老八步

老虎赶牛群——志在必得

老虎嘴里的牛犊子——逃不了

老黄牛反刍——肚里啥货自己知道

老黄牛拉车——一个劲儿

老黄牛拖水车——原地打转

老黄牛学马叫——改不了声调

老母猪和牛打架——豁出老脸来了

老牛挨鞭子——忍辱负重

老牛不怕狼咬——豁出去了

老牛吃草——吞吞吐吐

老牛吃毛杏——眼也睁不开了

老牛吃抬筐——心里有底

老牛出工——浑身是劲

老牛闯进瓷器店——破的破、碎的碎

老牛搓痒——一来一往

老牛打滚——大翻身

老牛打喷嚏——笨嘴笨舌

老牛抵墙——硬顶下去

老牛倒嚼——细品滋味

老牛掉眼泪——有口难言

老牛掉进泥潭里——不能自拔

老牛赶汽车——老落后了

老牛赶山——走到哪天算哪天

老牛喝水——大喘气

老牛筋——难啃

老牛啃地皮——不抬头

老牛拉车——埋头苦干

老牛拉八股套——不松劲

老牛拉犁马拉车——浑身是劲

老牛拉马车——不合套

老牛拉破车——慢慢腾腾

老牛拉磨——原地打转

老牛犁田——实实在在

老牛爬坡——筋疲力尽

老牛爬泰山——哪年能到

老牛扑家雀——笨手笨脚

老牛扑蚂蚱——有劲使不上

老牛肉不烂——少火

老牛肉——炖不烂、有嚼头

老牛上鼻绳——跑不了

老牛身上拔根毛——微不足道

老牛拴桩头——逃不掉

老牛踏堡子——一步一个脚印

老牛脱了磨——空转一遭

老牛下河沟——先湿脚

老牛胀肚——气鼓了

老牛追飞马——赶不上

老牛追兔子——有劲使不上

老牛走路——不慌不忙

老牛走老路——照旧

老牛钻耗子洞——行不通

老鼠骑水牛——小能降大

老水牛拉轱辘——净转弯儿

老子偷猪儿偷牛——一辈更比一辈坏

离群的牛犊——不知往哪儿奔

两头牛打架——角顶角

驴拉碾子牛耕田——各行其是

M

马背上跌跤，牛背上抽鞭——错上加错

马嚼子套在牛嘴上——胡勒

马皮做鞭拴马，牛皮做鞭打牛——忘本

蚂蚁爬上牛角尖——自以为上了高山

买老牛却得羊——大失所望

买老牛置破车——光顾眼前

莫与儿孙做马牛——少操点心

牦牛的性子——按不下脖子

牦牛斗骡子——老挑没角的欺

没有笼头的野牛——到处伸嘴

摸住黄牛当马骑——生拉硬拽

母牛肚下犊儿——什么也不愁

N

泥牛入海——永无消息

牛不知角弯，马不知脸长——人不知己短

牛车追马车——赶不上

牛犊拉犁刚上套——没经验

牛犊拉车头趄走——难免乱套

牛犊子跟虎玩——不知厉害

牛犊子追兔子——有劲使不上

牛耕田，马吃谷——待遇不公

牛圈里伸进马嘴来——不要多嘴

牛圈里养鸡——好大的架子

牛马拉车——各有一套

牛棚里关猪——来去自由

牛绳子穿针——不入耳

牛蹄子两瓣——合不拢

牛蹄子上供——就显你角大（脚大）

牛皮鼓——声大肚子空

牛皮鼓湿水——不响

牛皮饭碗——打不破

牛身上拔根毛——不在乎

牛身上爬蚂蚁——不显眼

牛头不对马嘴——胡拉乱扯

牛头不烂，多费些柴炭——多下功夫

牛头上长角——差（叉）得远

牛驮子搁在羊背上——担当不起

牛王爷不管驴的事——各管各的

牛尾巴掉谷草——想吃够不着

牛尾打牛身——不痛

牛羊的肚膜——草包

牛羊入圈鸟归巢——各得其所

牛羊上山——圈里空空

牛长鳞，马长角——不可能的事

牛嘴里的草，扯不出来——实在办不到

牛嘴里没有草——空倒嚼

牛嘴上套篾篓——不好开口

农村的老黄牛——苦了一辈子

P

捧草喂老牛——吃不吃随你

Q

骑老牛追快马——望尘莫及

骑牛找牛——老糊涂

牵牛揪尾巴——白费劲

牵着不走，拉着倒退——犟牛

牵着牛过独木桥——难过

劝牛不吃草——白费口舌

R

人头上长牛角——别出一格

S

三伏天水牯拉不回——倔脾气

三条腿的牛——怎能立得稳

三十亩地一头牛——安居乐业

杀鸡用牛刀——小题大做

上了套的野牛——由不得己

拴在桩上的牛犊子——不由自主

瘦牛想吃高山草——心有余而力不足

水牯牛拼命——钩心斗角

水牛吃活蟹——有劲使不上

水牛吃了萤火虫——肚里明白

水牛的一生——忍辱负重

水牛过河——露头角

水牛过小巷——转不过弯来

水牛见了骆驼——矮了半截子

水牛踏浆——拖泥带水

水牛长毛——彻头彻尾

水牛抓跳蚤——有劲使不上

T

铁打的耕牛——动不得力（犁）

铁铸黄牛——开不得犁

图贱买老牛——拉不动耙子拉不动耧

兔子换牛——抬高了你的身价

W

无牛狗拉车——将就着，凑合着

X

瞎牛撞草堆——碰着就吃

小牛撅尾巴——来劲了

雪地里找牛——看脚印

Y

羊棚里的牛——属你大

野牛闯进火海里——有命无毛

一个桩上拴两头牛——迟早要闯祸

一群牛犊子拉车——乱了套

Z

指着黄牛就说是马——信口雌黄

拽断套绳挣死牛——出力不讨好

捉了虱子跑了牛——得不偿失

三、与牛有关的谚语

花草出自山中，谚语出自口中。谚语是多年来流传在民众口头上的一类语言，其中包含有丰富的社会经验，其表达简练形象。谚语有一定的哲理性、科学性和文学性。它常常不独立存在，而在人们讲话时加以引用，但它又有完整的结构和思想。谚语是一种短小的韵文作品。它韵味隽永，语言精练，朗朗上口。谚语常常是充满了真知灼见，是人们在生产和生活中智慧与经验的总结，是一种表现能力很强的语言艺术。

A

按着牛头强吃草。

B

拔了一根毛，惊走一头牛。

白马甜榴，一时值牛。

苞谷地里跑匹马，棉花地里卧条牛。

苞米去了头，力气大似牛。

别看是头黑母牛，牛乳一样是白的。[维吾尔族]

别因为落了一根牛毛，就把一锅奶油倒掉。（别因为犯了一点错误，就把一生的事业扔掉）[蒙古族]

搏牛之虻，不可破虱。

不怕慢，只怕站，老牛也能爬上山。

不怕千次使，就怕一次累。

不怕神与鬼，只怕牛瘟牛。

不要看母牛长得黑，挤出的奶水却是洁白的。[彝族]

不望邻家中诸侯，只望邻家养大牛。

C

菜不移栽不发，牛无夜草不肥。

草要经过牛反复消化，才能变成牛奶；书要经过人反复思考，才能变成知识。[塔吉克族]

长鞭子不打转弯牛。

长虫过路蛤蟆叫，老牛大哞雨就停。

常垫牛栏掏鸡窝，腿勤手快积肥多。

炒菜要油，耕田要牛。

吃不上牛肉，光吹死牛皮。

吃饭应知牛马苦，着丝应记养蚕人。

吃素会成仙，牛马上西天。

初生的牛犊，长出犄角倒怕狼。

初生牛犊不怕虎。

船勿撞自撑，牛吃饱自耕。

春打六九头，脱袄换头牛。

从前牛吃三季草，现在人种三熟稻。

寸草切三刀，无料也上膘；牛不吃饱草，拖犁满田跑。

D

打动牛角牛身疼。

打黄牛，惊黑牛。

打牛千鞭，不舍粟米一粒。

打蛇打七寸，牵牛牵鼻绳。

打死庄稼头，饿死老黄牛。

当亲不言友，打牛马也惊。

当人们放荡不羁的时候，衰败的命运就要临头了；当公牛发疯斗殴的时候，被骗的日子也就不远了。［藏族］

刀快不怕脖子粗，牛大自有破牛法。

点灯省油，耕田爱牛。

冬牛不瘦，春耕不愁。

冬天得食，春天得力（牛）。

豆入牛口，好不能久。

独牛难起岗，独柴难起尖。

短笛横牛背，各人传授不同。

对马生气，向牛踢脚。

E

饿吃牛角都觉嫩，饱吃羊羔都觉硬。

F

贩不尽南牛，赊不尽北牛。

放牛得坐，放马得骑，放羊走破脚板底。

放牛小鬼望插田，烧锅丫头望过年。

斧砍大树，鞭打快牛。

G

赶牛要知牛辛苦。

高粱稀，谷子稠，玉米地里卧下牛。

耕牛东奔西跑，天气一定好。

耕牛农家宝，定要照顾好。

耕牛无宿草，仓鼠有余粮。

耕牛有歇有饱，十七八年不老。

H

好马不停蹄，好牛不停犁。

红牛黑牛，能曳犁的，都是好牛。

怀里揣牛角，总是朝里顶。

怀里是藏不下牛头的，错误是瞒不了别人的。〔白族〕

黄牛吃不到雪白米。

黄牛过河各顾各，斑鸠上树各叫各。

J

家有肥牛骏马的富翁，不如头脑聪明的乞丐。〔蒙古族〕

将军一匹马，农夫一头牛。

九九加一九，耕牛遍地走。

君子不和牛生气，好鞋不踏臭狗屎。

君子用嘴说，牛马用蹄踢。

骏马跑千里，耕田还是牛。

K

看惯了骆驼，看不出牛大。

L

栏内无牛空起早。

懒牛屎尿多，懒人明天多。

狼趁风雨害牛羊，贼趁空隙盗柜箱。〔蒙古族〕

老牛叫，雨来到。

赢牛劣马寒食下。

犁地不细，白叫老牛费力气。

立镰芝麻卧牛黍，高粱就得四遍锄。

量体裁衣，量牛使车。

龙眼识珠，凤眼识宝，牛眼识青草。

M

马怕鞭子牛怕火，狗见捡砖就要躲。

马骑上等马，牛用中等牛。

马有漏蹄，牛有失脚。

马走的地方牛也能走。

猛虎虽老花纹依旧，老牛虽衰犄角不变。

母牛下母牛，三年五头牛。

N

你老虎口大，我野牛颈粗。

牛鼻上穿绳，哪里情愿。

牛不反刍必有雨。

牛不放不壮，秧不薅不长。

牛吃饱，田吃饱，种田老汉饿不了。

牛吃草，要反刍；人读书，要思考。

牛的灾难从角上引来，人的灾难从嘴上引来。

牛的毛多，蠢人事多。

牛房牛房，冬暖夏凉。

牛粪冷，马粪热，羊粪能得二年力。

牛耕田、马吃谷，穷人辛苦、财主享福。

牛角越长越弯，财主越大越冷。

牛口里扯不出草来。

牛栏通风，牛力无穷。

牛老一冬，人老一年。

牛马困于蚊虻。

牛马是功臣，好比家里一口人。

牛老怕惊蛰，人老怕大寒。［壮族］

牛皮不是吹的，火车不是推的。

牛皮不做灯笼。（牛皮做成的灯笼不能照亮，比喻不受蒙蔽。）

牛皮灯笼肚里亮。　（用牛皮做的灯笼外面不亮里面亮，比喻心里明白。）

牛凭犄角，人凭舌头。

牛是农家宝，有勤无牛白起早。

牛食如浇，羊食如烧。（牛吃过的草地如同粪水浇过一样茂盛；羊吃过的却像火烧过一样没了生气。比喻表里不一，外面好看，里头不行。）

牛套马，累死俩。（牛马一快一慢，互相牵掣，没法套在一起拉一辆车。比喻做事难以合作）

牛头煮不烂，捅火再加炭。

牛头高，马头高。（比喻互争高低、各不相让。）

牛无力拉横耙，人无理说横话。

牛无夜草不肥，菜不移栽不发。

牛嫌草场掉肥膘，人嫌饭食必瘦弱。

牛眼看人高，狗眼看人低。（用来比喻势利小人。）

牛羊多叫必落雨。

牛要耕田马要骑，孩子不教就调皮。

牛有千斤力，不能一时逼。

牛有千斤之力，人有倒牛之方。

P

烹牛而不盐，败其所为也。（煮牛肉不放盐，结果牛肉不好吃，比喻因小失大。）

Q

骑牛不戴帽，正坐不偏行。

气壮如牛，胆小如鼠。

千把锄头万把锹，不及老牛伸下腰（耕翻）。

千斤牯牛也要低头喝水。

牵牛缚虎，未有出期；缚鼠与猫，终无脱日。

牵牛落水，六足皆湿。

前言后语要对照，牛头马胯难捉摸。

翘尾巴的牛要拉屎。

且将鸿鹄意，付与马牛风。（比喻把远大的志向消磨在无关紧要的事情上。）

R

人吃牛饭，不能蛮干。

若要耕牛养得好，栏干食饱露小草。

S

三岁的犊牛，十八的汉子。

三岁黄牛四岁马，岁半水牛田中爬。

杀牛吃肉，不如留着挤奶。〔藏族〕

杀牛起会，打狗散场。

杀一头牛，分不到一滴油。

山大压不住泉，牛大压不死跳蚤。

上山砍柴先看树，拉马赶牛先看路。

使骡似牛，使牛似猴。

世上没人骗，牛马没人变。

蜀犬吠日，吴牛喘月。

耍把戏靠毛猴，种田全凭大犍牛。

谁家烟囱不冒烟，谁家牛犊不撒欢。

水牛掉井里，有力使不上。

水牛转弯不容易。

T

贪贱买老牛，打死不回头。

躺着的牛饱不了肚子。

天上麻雀飞，地上牛粪一大堆。

偷一根针的人，也能偷一头牛。

土牛耕石田，未有得稻日。

驼腰牛，弓腰驴。

W

弯脚黄牛直脚猪。

未逢龙虎会，一任马牛呼。

喂牛得犁，喂马得骑。

喂养水牛娘，牢记事两桩：夏天挖个池，冬天修个房。

无牛不成农，无猪不成家。

X

稀谷稠麦卧牛黍。

瞎猫碰着死老鼠，骑牛撞见亲家公。

夏雨隔牛背。

先下牛毛（细雨）无大雨，后下牛毛（细雨）不晴天。

掀牛头，不吃草。

鲜花嫩草的美丽，牛是从来不懂的。〔蒙古族〕

小毛驴使不出黄牛劲。

小牛落地三分命。

小人偏爱吵嘴，无角牛偏爱顶撞。

小时偷油，大了偷牛。

星子稠，晒死牛。

Y

烟地放下斗，麻地卧下牛。

燕子低飞蛇溜道，牛舔前脚雨就到。

养牛没有巧，水足草料饱。

养牛养冬膘。

要得农家好，地肥牛三宝。

要牛耕田，必须陪牛眠。

要学牛走路，一步一个脚印；莫学鸡刨地，乱抓乱啄。

夜草能肥马，湿草能肥牛。

一年牛粪三年猛。

一年稀，买头牛；一年干，卖头牛。

一群牛走进园子，总有一个带头的。［傣族］

一头牛，半个家。

赢得猫儿失了牛。

有牦牛一样大的身躯，不如有纽扣一样大的智慧。［藏族］

雨打梅头，无水饮牛。

雨落小暑头，干死横秧渴死牛。

雨在石上流，桑叶好喂牛。

与其做老牛的脚，不如做小牛的头。［维吾尔族］

Z

早刮东风水长流，夜刮东风晒死牛。

郑牛触墙成八字。（古谚语，用来形容郑玄学识渊博，甚至连家畜亦受其影响。）

只要真心干，牛车也能把兔赶。［蒙古族］

猪牛猪牛，有了不愁。

最笨的黄牛，也熟悉回家的路；最聪明的人，旅程中也会有疏忽。

四、与牛有关的成语

成语，按照一般的理解，是指人们长期以来使用的、形式简洁而意思精辟的、定型的词组或短句。汉语的成语一般由四个字组成。虽说有不少成语都来自于典故，富含书卷气，但因为习闻习用，在口头上用得多了，耳边听久了，因而也就具有了日常口头语的性质。成语是中华民族传统文化的一部分，是汉语言宝库中的一颗璀璨明珠。

B

版筑饭牛：版筑，是指造土墙。饭牛，是指喂牛。相传商代贤者傅说造土墙被用为相，春秋时贤者宁戚喂牛被拜为上卿。后以"版筑饭牛"就用来比喻出身低微但后来被重用的人。

鞭打快牛：越是走得快的牛，越要挨鞭子打，为的是让它走得更快。用来比喻贡献越大，就被索取得越多。

搏牛之虻：原意是说，应像击杀牛背上的虻虫一样去灭掉秦国，而不是像消除虮虱那样去与别人打斗。后来用来比喻其志在大而不在小。汉司马迁《史记·项羽本纪》:"夫搏牛之(虻),不可以破虮虱。"

C

蚕丝牛毛:形容多而细密的样子。明冯时可《雨航杂录》卷上:"吴幼清赞朱文公曰:'义理玄微,蚕丝牛毛;心胸开豁,海阔天高。'"

草入牛口,其命不久:意思是草吃到了牛嘴里,它的生命必定不会长了。用来比喻难以逃脱的厄运。

充栋汗牛:是指书籍堆得高及栋梁,多到牛马运书都累得出汗。用来形容藏书或著述之多。唐柳宗元《陆文通先生墓表》:"其为书,处则充栋宇,出则汗牛马。"

初生牛犊不怕虎:意思是刚生下来的小牛不怕老虎。用来比喻青年人无所畏惧,敢做敢为。

床下牛斗:听到床下的蚂蚁在爬,误以为是牛斗的声音。形容体衰耳朵失聪而产生错觉,或极度敏感。《晋书·殷仲堪传》:"仲堪父尝患耳聪,闻床下蚁动,谓之牛斗。"

吹牛拍马:吹牛,即吹牛皮。拍马,即拍马屁。吹牛皮,拍马屁,就是指吹嘘奉承。也指爱说大话,一味逢迎巴结别人的行为。

椎牛发冢:椎,即捶击、杀。发,即掘,挖掘。冢,即坟墓。意思是杀牛盗墓,就是指盗贼作恶多端。宋苏轼《策别》十七:"小者呼鸡逐狗,大者椎牛发冢,无所不至。"

椎牛歃血:歃,即用嘴吸血。古时聚众盟誓,杀牛取其血含于口中或以血涂嘴唇,以表示诚意。

椎牛飨士:椎牛,即杀牛。飨,即用酒食招待客人。飨士,即犒劳军士。意思是指隆重的慰劳作战的官兵。南朝范晔《后汉书·吴汉传》:"汉将轻骑迎与之战,不利,堕马伤膝,还营。……诸将谓汉曰:'大敌在前,而公伤卧,众心惧矣。'汉乃勃然裹伤而起,椎牛飨士……于是军士激怒,人倍其气。"

D

带牛佩犊:原指汉宣帝时渤海太守龚遂,劝诱持刀剑起义的农民放弃武装斗争而从事耕种。后用来比喻改业归农。《汉书·龚遂传》:"民有带持刀剑者，使卖剑买牛，卖刀买犊，曰：'何为带牛佩犊。'"

对牛弹琴：指说话、做事不看对象，或讥笑那些听不懂别人说话意思的人。汉牟融《理惑论》："公明仪为牛弹清角之操，伏食如故，非牛不闻，不合其耳矣。"亦作"对牛鼓簧"。

多如牛毛：形容多得像牛身上的毛一样数也数不清，用来形容数量极多。唐李延寿《北史·文苑传序》："学者如牛毛，成者如麟角。"

F

饭牛屠狗：饭牛，即喂牛。屠狗，即杀狗。意思是指操卑贱之业，或指从事这些职业的人。明陈子龙《酬吴次尾》诗："别来落魄吴楚间，饭牛屠狗俱无颜。"

风马牛不相及：风，即放逸、走失。及，即到。其本意指齐楚相去很远，即使马牛走失，也不会跑到对方的境内。现在用来比喻事物彼此毫不相干。春秋左丘明《左传·僖公四年》："君处北海，寡人处南海，唯是风马牛不相及也。"

服牛乘马：服，即乘、驾驭。意思是用牛、马来驾车。《周易·系辞下》："服牛乘马，引重致远，以利天下。"亦作"乘马服牛"。

G

隔山买牛：比喻人办事冒失，没有弄清情况，就轻易做决定。

归马放牛：人们就用"归马放牛"比喻战争结束，不再用兵。典故出自《尚书·武成》。周武王统帅大军消灭了商朝，建立了周朝，但是江山虽定，山川大地却满目荒凉，一片萧条，商纣王的残暴荒淫使百姓民不聊生，痛苦不堪。周武王心里非常焦急，削减了军队，下令把马放回华山的南面，把牛放回桃林的原野，希望老百姓能全心投入生产。老百姓看到周武王这样做，也就渐渐心安了，于是周朝很快就兴旺发达起来。

H

黑牛白角：出自《韩非子·解老》，形容办事一定要遵循一定的客观规律。古代詹何坐在家里讲学，弟子们侍候在一旁。有牛的叫唤声自门外传来，一弟子猜说是头黑牛，其前额是白色的。詹何用道术算了一下承认是黑牛，但白色的东西在牛角上。后派人去验证，原来是一头黑牛，牛角上包着一块白布。

呼牛呼马：呼，即称呼、呼叫。意思是不管别人怎么说，都不加分别地认可。原来是指道家的一种消极处世态度，后指不管别人说什么，仍然按照自己的意愿去做。战国《庄子·天道》："昔者子呼我牛也，而谓之牛，呼我马也，而谓之马。"亦作"呼马呼牛"或"呼牛作马"。

J

瘠牛羸豚：瘠，即瘠瘦。羸，即病弱。意思是指瘦弱的牛和猪，用来比喻弱小的民族或国家。

瘠牛偾豚：是指瘦弱的牛覆压在小猪上，小猪必死。用来比喻强国虽呈现出衰退，但兵临弱国，弱国亦亡。春秋左丘明《左传·昭公十三年》："寡君有甲车四千乘在，虽以无道行之，必可畏也，况其率道，其何敌之有！牛虽瘠，偾于豚上，其畏不死。"杜预注："偾，仆也。"

鲸吸牛饮：鲸吸，即像鲸鱼一样吸水。意思是如鲸吸百川、似牛饮池水。用来比喻放量狂饮。汉韩婴《韩诗外传》第四卷："桀为酒池，可以运舟，糟丘足以道望十里，一鼓而牛饮者三千人。"

九牛二虎之力：比喻用很大的力气。常用来形容很费力才做成一件事。战国列御寇《列子·仲尼》："吾之力者，能裂犀兕之革，曳九牛之尾。"

九牛拉不转：用来形容人的态度十分坚决。

九牛一毛：九，是虚数，形容多。意思是从多条牛身上拔出一根毛，用来比喻数量或价值极其微小。汉司马迁《报任少卿书》："假令仆伏法受诛，若九牛亡一毛，与蝼蚁何以异？"亦作"九牛一毫"。

裾马襟牛：原意是指像马牛穿上人的衣服一样。用来比喻人没有头脑或无知。唐韩愈《符读书城南》诗："人不通古今，马牛而襟裾。"亦作"马牛襟裾""襟裾马牛"。

K

扛鼎抃牛：扛鼎，即把鼎举起来。抃牛，即把两头相斗的牛拉开。能把鼎举起来，能把相斗的两头牛拉开，说明其勇武有力，超越常人。汉司马迁《史记·项羽本纪》："籍（项羽）长八尺余，力能扛鼎。"

L

老牛破车：就是指老牛拉破车。用来比喻做事慢吞吞，一点都不利落。也用来比喻才能不高。

老牛舐犊：舐，即舔。犊，即小牛。意思是老牛爱抚地舔着小牛。用来比喻父母疼爱子女。南朝宋范晔《后汉书·杨彪传》："愧五日碑先见之明，犹怀老牛舐犊之爱。"

犁牛之子：用来比喻父虽不善，却无损于其子的贤明。

M

马面牛头：用来比喻各种各样凶恶的人。明周楫《西湖二集·文昌司怜才慢注禄籍》："没慈心的马面牛头，两股叉，两条鞭，恶恶狠狠。"

买牛卖剑：原意是指放下武器，从事耕种。后比喻改业务农或是坏人改恶从善。亦作"卖剑买牛""买牛息戈""卖刀买犊"。

猕猴骑土牛：用来比喻职位提升很慢。西晋陈寿《三国志·魏书·邓艾传》引《世语》："君，名公之子，少有文采，故守吏职；猕猴骑土牛，又何迟也。"

木牛流马：木牛，即古代一种运载工具，又叫独轮车，或指诸葛亮创制的独轮车与四轮车。西晋陈寿《三国志·蜀书·诸葛亮传》："亮性长于巧思，损益连弩，木牛流马，皆出其意。"

目无全牛：全牛，即整个一头牛。意思是眼中没有完整的牛，只有牛的筋骨结构。用来比喻技术熟练到了得心应手的程度。战国庄子《庄子·养生说》："始臣之解牛之时，所见无非牛者；三年之后，未尝见全牛也。"亦作"目牛无全"。

N

泥牛入海：原意是泥塑的牛掉到海里。用来比喻一去不复返。宋释道原《景德传灯录·潭州龙山和尚》："洞山又问龙山和尚：'见个什么道理，便住此山？'师云：'我见两个泥牛入海，直至如今无消息。'"

宁为鸡首，不为牛后：比喻宁在小的地方自作主张，也不愿在大的地方听别人使唤和让别人支配。西汉刘向《战国策·韩策一》："臣闻鄙语曰：'宁为鸡首，不为牛后。'今大王西面交臂而臣事秦，何以异于牛后乎？"亦作"宁为鸡口，毋为牛后"或"宁为鸡尸，不为牛从"。

牛不出头：其含义是讥讽某人不肯出头露面。宋范正敏《遁斋闲览·谐据》："李安义者谒富人郑生，辞以出。安义于门上大书'午'字而去。

或问其故，答曰：'牛不出头耳。'"

牛肠马肚：牛马都体量大，食量惊人。用来比喻人的食量很大。

牛刀小试：牛刀，即宰牛的刀。小试，即做实验，试用一下。用来比喻有大才干的人，先在小事物上略施本领。也用来比喻有能力的人刚开始工作就展现出才华。宋苏轼《送欧阳主簿赴官韦城》诗："读遍牙签三万轴，欲来小邑试牛刀。"亦作"小试牛刀"。

牛鼎烹鸡：鼎，就是古代烹煮用的大锅。烹，即是煮。意思就是用能够烹煮整头牛的大鼎，来烹煮一只小鸡。用来比喻大材小用。南朝范晔《后汉书·边让传》："传曰：'函牛之鼎以烹鸡，多汁则淡而不可食，少汁则熬而不可熟。'此言大器之于小用，固有所不宜也。"

牛高马大：用来比喻人长得高大而强壮。

牛回磨转：用来形容人心情焦躁不安、手足无措的样子。

牛黄狗宝：这原是指两种中药。牛黄，就是牛胆囊中的结石；狗宝，是指狗脏器中的凝结物。牛黄生于病牛胆中，狗宝生于癞狗腹中，都是难得的中药材。一般用来比喻珍贵的物品，也可以用来比喻坏人的脏腑。明云中道人《平鬼传》第三回："绝命丹内只五般，牛黄狗宝一处攒；冰片人参为细末，斗大珠子用半边。"

牛骥同皂：骥，即好马。皂，即是牲口的食槽。意思是说笨牛跟骏马同槽。用来比喻笨人与贤人同处，愚贤不分。汉司马迁《史记·鲁仲连邹阳列传》："今人主沈于谄谀之辞，牵于帷裳之制，使不羁之士与牛骥同皂。"亦作"牛骥同槽"。

牛角挂书：就是把书挂在牛角上，边走边学。用来比喻勤奋好学的人。《新唐书·李密传》："以蒲鞯乘牛，挂《汉书》一帙角上，行且读。"亦作"牛角书生"。

牛口之下：借指卑下的社会地位。汉司马迁《史记·商君列传》："夫五羖大夫，荆之鄙人也，闻秦缪公之贤而原望见，行而无资，自粥于秦客，被褐食牛。期年，缪公知之，举之牛口之下，而加之百姓之上，秦国莫敢望焉。"

牛郎织女：牛郎和织女均为神话人物，是从牵牛星和织女星的星名衍化而来的。传说，织女是天帝的女儿，善于织造美丽的云锦。后被天帝许嫁给天河西边的牵牛郎。织女出嫁后便不再织天衣了，天帝大怒，责令她回河东，与牛郎隔在银河两侧，每年夏历七月初七夜才得相会一次。一般用来比喻分居两地的夫妻。宋张先《菩萨蛮·七夕》："牛郎织女年年别，分明不及人间物。"

牛马不若：意思就是连牛马都比不上。用来形容非常劳苦而且地位低下。

牛马风尘：原意是牛马被置于风尘里。用来比喻人处于不得志的状态。清孔尚任《桃花扇·迎驾》："牛马风尘，暂屈何忧。"

牛马生活：是指过着饱受压迫、折磨和剥削的生活。

牛马易头：就是把牛头换到马身上，把马头换到牛身上。旧时形容杂技技巧精妙。南朝范晔《后汉书·南蛮西南夷列传》："永宁元年，掸国王雍由调复遣使者诣阙朝贺，献乐及幻人，能变化吐水，自支解，易牛马头。又善跳丸，数乃至千。"

牛马走：是一种自称的谦辞，指在皇帝驾前像牛马一样跑前跑后。后泛指供驱使奔走的人。

牛毛细雨：是指细而密的小雨。清梁绍壬《两般秋雨庵随笔》卷五："牛毛细雨送斜阳。"

牛眠吉地：是指迷信的人认为风水好、有利于后代升官发财的坟地。《晋书·周光传》："前冈见一牛，眠山污中，其地若葬，位极人臣矣。"亦作"牛眠地"。

牛眠龙绕：意思是形容坟地的风水好。清蒲松龄《东郭外传》："那东门外头许多牛眠龙绕的吉地，那富贵人家的茔田多半在这里。"

牛山下涕：牛山，是山名，在山东淄博市东。涕，即眼泪。意思是在牛山上痛哭流泪。用来比喻因事物的变迁而引起的悲伤。也用来指不知满足而自寻烦恼。战国晏婴《晏子春秋·上谏》："景公游于牛山，北临其国城而流涕曰：'若何滂滂去此而死乎？'"

牛山濯濯：濯濯，即光秃秃的，形容无草木的样子。意思是牛山上是光秃秃的，用来形容山上无草木。战国孟子《孟子·告子上》："牛山之木尝美矣，以其郊于大国也，斧斤伐之，可以为美乎？是其日夜之所息，雨露之所润，非无萌蘖之生焉，牛羊又从而牧之，是以苦彼濯濯也。"

　　牛溲马勃：牛溲，一说是指牛尿，一说是指车前草（中药，利小便）。马勃，一种菌类，可治疮。用来比喻运用得宜，可使无用之物变为有用；也借指卑贱而有用之才；还可用来形容医生医术高明。

　　牛蹄之涔：涔，是指下雨时积的水。这里是指牛足印里的积水。用来比喻处在无法施展才能的境地。汉刘安《淮南子·泥论训》："牛蹄之涔，不能生鳣鲔，而蜂房不容鹄孵。小形不足以包大体也。"

　　牛蹄中鱼：牛蹄，就是指牛蹄踩在地上形成的坑印。牛蹄踩出的坑里的鱼，用来比喻身处危险之境，急待救助的人或物。汉刘向《说苑·善说》记载，庄周贷粟于魏，"见道旁牛蹄中有鲋鱼焉"，亟待盆翁之水救之。

　　牛听弹琴：用来比喻根本听不懂。瞿秋白《乱弹》："现在，'治于人的小人'，要想在无线电的播音里去听清楚昆曲的平上去入，自然是牛听弹琴，一窍不通。"

　　牛童马走：旧时泛指地位卑下的人。牛童，就是牧童；马走，牵马的仆役。

　　牛头不对马嘴：用来比喻答非所问或者根本对不上号。清李宝嘉《文明小史》第二十四回："尽其所有写上，都是牛头不对马嘴。"

　　牛头马面：佛教中指地狱里长着牛头马脸的鬼卒。也用来比喻各种丑陋凶恶的走卒或打手。《楞严经》："牛头狱卒，马头罗刹，手执枪稍，驱入城门"。

　　牛膝鸡爪：用来讽刺望文生义的无知者。据明冯梦龙《广笑府》记载，有人到一家药店去买牛膝和鸡爪两味中药。店主刚好不在，他的儿子愚昧而不识中药，就割下家里耕牛的一条腿、剁了两个鸡爪子，交给了顾客。

　　牛心古怪：也称为"牛心左性"。用来形容人的脾气固执、倔强。

　　牛羊勿践：意思是勿使牛羊践踏。用来比喻爱护某物。《诗经·大雅·行苇》："敦彼行苇，牛羊勿践履，方苞方体，维叶泥泥。"郑玄笺："草木方茂盛，以其终将为人用，故周之先王为此爱之，况于人乎？"

　　牛衣病卧：用来形容人贫病交加。宋刘克庄《沁园春·再和林卿韵》词："便羊裘归去，难留严子；牛衣病卧，肯泣王章？"

牛衣对泣：牛衣，就是用草或麻编织的，用来给牛御寒或遮雨的织物。意思是睡在牛衣中，对着妻子哭泣。用来形容贫贱夫妻共同忍受贫困的生活，也泛指生活在困顿悲凉之中。《汉书·王章传》："初，章为诸生，学长安，独与妻居。章疾病，无被，卧牛衣中，与妻诀，涕泣。"亦作"牛衣夜哭"或"牛衣岁月"。

牛渚泛月：牛渚，是地名，在今安徽省当涂县西北长江边。泛月，就是在月夜划船游玩。用来指才士相逢，以文会友。《晋书·袁宏传》："谢尚时镇牛渚，秋夜乘月率尔与左右微服泛江。会宏在舫中讽咏，声既清会，辞又藻拔，遂驻听久之……即迎升舟，与之谭（谈）论，申旦不寐。自此名誉日藏。"

P

庖丁解牛，游刃有余：庖丁，即厨工。解，即肢解分割。游刃，是指自由地运刀。意思是厨师解剖牛，在骨缝间自由地运刀，灵活自如，毫无阻碍。后用来比喻技术纯熟，运用自如。战国庄子《庄子·养生主》记载，庖丁解牛非常熟练，文惠君看了非常赞赏。庖丁说："今臣之刀十九年矣，所解数千牛矣，而刀刃若新发于硎。彼节者有间而刀刃者无厚，以无厚入有间，恢恢乎，其于游刃必有余地矣。"

Q

骑牛觅牛：用来比喻禅理，即存于自身却又向外求。也比喻一面占着一个位置，一面又去另找更称心的职位。意同"骑驴觅驴"。

气冲斗牛：气，即气势；牛、斗，即牵牛星和北斗星，泛指天际。用来形容怒气冲天或气势极盛、直冲天际。唐崔融《咏宝剑》："匣气冲牛斗，山形转辘轳。"亦作"气冲牛斗"。

气喘如牛：是指像牛一样喘气。用来形容呼吸急促、粗重。清文康《儿女英雄传》第三十九回："脸是喝了个漆紫，连乐带忙，一头说着，只张着嘴，气喘如牛的拿了一条大手巾擦那脑门子上的汗。"

气食全牛：是指具有能吃下一头牛的气概。用来比喻极有魄力和志气。先秦尸子《尸子》："虎豹未成文，而有食牛之气；鸿鹄之鷇，羽翼未全，而有四海之心，贤者之生亦然。"

气吞牛斗：牛，即牵牛星；斗，即北斗星。牛、斗泛指天空。意思是气势足以吞没天空。用来形容气魄很大。明胡文焕《群音类选〈蟠桃记·诞孙相庆〉》："看兰孙，气吞牛斗，知不是等闲之人。"

齐王舍牛：齐宣王不忍杀牛，而用羊代替。比喻身居高位者对老百姓怀有恻隐之心。

气壮如牛：形容气很盛，但又使人觉得笨拙。亦作"壮气吞牛"。

牵牛下井：比喻事情很棘手，不容易办到。清彭养鸥《黑籍冤魂》第十五回："至如负贩经商，登山涉水，吃烟人更是牵牛下井。"

敲牛宰马：敲，即击杀。用来泛指宰杀牲畜。

R

如牛负重：意思是像牛背负着沉重的东西一样。用来比喻生活负担极其沉重。毛泽东《中国社会各阶级的分析》："荒时暴月，向亲友乞哀告怜，借得几斗几升，敷衍三日五日，债务丛集，如牛负重。"

S

杀鸡焉用牛刀：焉，即哪里。意思是杀只鸡何必要用宰牛的刀。用来比喻办小事情不值得用大的力量。《论语·阳货》："子之武城，闻弦歌之声。夫子莞尔而笑，曰：'割鸡焉用牛刀？'"

T

童牛角马：童牛，是指没有角的牛；角马，是指长角的马。意思是不长角的牛和长了角的马。用来比喻不伦不类的东西，也比喻违反常理、不可能存在的事物。汉杨雄《太玄经·更》："童牛角马，不今不古。"

屠所牛羊：用来比喻临近死亡的人。《大涅槃经·迦叶品》："如囚趋市，步步近死，如牵牛羊诣于屠所。"

土牛木马：原意是泥塑的牛、木头做的马。用来比喻有其名而无其实，或是没有实用价值的东西。也可以比喻像土牛木马一样木然不知情理。《关尹子·八筹》："知物之伪者，不必去物，譬如见土牛木马，虽情存牛马之名，而心忘牛马之实。"

W

万牛回首：一万头牛都回过头来用尽全力去拉。意思是负荷非常之重。后用以比喻事物之积重难返。唐杜甫《古柏行》："大厦如倾要梁栋，万牛回首丘山重。"

亡羊得牛：亡，即丢失。意思是丢掉了羊，却得到了牛。用来比喻损失小而收获大。《淮南子·说山训》："亡羊而得牛，则莫不利失也。"

问牛及马：比喻从旁推敲，以弄清楚事情的真相。《汉书·赵广汉传》："钩距者，设欲知马贾（价），则先问狗，已问羊，又问牛，然后及马，参伍其贾，以类相准，则知马之贵贱，不失实矣。"亦作"问牛知马"。

蜗行牛步：意思是蜗牛爬行、老牛慢走。用来比喻行动或进展很缓慢。

吴牛喘月：吴，即古吴国；吴牛，指产于江淮间的水牛。意思是吴地炎热，水牛见月疑是日，因惧怕酷热而不断喘气。用来比喻因疑心似某物而引起恐惧，也用于形容天气十分酷热。唐李白《丁督护歌》："吴牛喘月时，拖船一何苦。"

X

蹊田夺牛：蹊，即践踏；夺，即强取。意思是，因牛践踏了田禾，就把人家的牛强夺过来。用来比喻轻罪重罚，事情做得过了头。春秋左秋明《左传·宣公十一年》："牵牛以蹊人之田，而夺之牛。牵牛以蹊田者，信有罪矣；而夺之牛，罚已重矣。"

羞以牛后：牛后，即牛的屁股。用来比喻人不愿处于从属的地位，不愿被人牵制或利用。

悬牛头，卖马脯：用来比喻用好的东西当作幌子，来推销不良的货色。多指名不副实或言行不一。战国晏婴《晏子春秋·内篇杂下》：春秋时，齐灵公强行禁止宫外妇女穿男装而不禁止在宫内穿。国相晏婴说："君使服之于内，而禁之于外，犹悬牛首于门，而卖马脯于内也。"

Y

一牛吼地：是指牛吼之声可及之地，用来比喻距离比较近。《翻译名义集·数量》："拘卢舍，此云五百弓，亦云一牛吼地，谓大牛鸣声所极闻。或云一鼓声。《俱舍》云二里，《杂宝藏》云五里。"

一牛九锁：意思是把一头牛用九条锁链锁住。用来比喻多重束缚，无法解脱。汉焦延寿《易林》卷十："一牛九锁，更相牵挈，案明如市，不得东西，请瀌得报，日中被刑。"

以羊易牛：易，即交换。原意是指用羊来替换牛作祭祀的牺牲品。后泛指暗中玩弄手段，用某物代替另一物。战国孟子《孟子·梁惠王上》："齐国虽褊小，吾何爱一牛？即不忍其觳觫，若无罪而就死地，故以羊易之也。"

Z

执牛耳：古代诸侯订立盟约，要割牛耳饮牛血，以示忠诚。由主盟国的代表亲自割牛耳取牛血，故称主盟国为执牛耳。后来泛指在某一方面居于最有权威的地位。春秋左秋明《左传·哀公十七年》："诸侯盟，谁执牛耳？"

钻牛角尖：用来比喻费力气研究没有意义或无法解决的问题，或者说在做毫无意义的研究。

五、与牛有关的对联

对联，也称楹联、对子，是悬挂或粘贴在墙壁或楹柱上的联语。对联是一种生动的语言艺术形式，常用于描摹客观事物，表达人们的思想、情趣、意志等。它兼备了诗、词、曲、赋、骈文等文学形式的某些优点和特色，常常构思精巧而诙谐，具有一定的思想性和文学性。

自南北朝以来，在新春佳节、婚丧喜庆、名流聚会时，人们常会用对联记之、颂之，有的对联折射出哲理，有的咏物言志，有的抑恶扬善。总之，对联启人妙思、增益机智、广为流传，因此受到人们的喜爱。

（一）四言对联

金牛贺岁	金牛亮相	牛耕绿野
玉鼠回宫	大地开春	虎啸青山

（二）五言对联

布谷迎春到	草发黄牛乐	草绿黄牛卧
牵牛接福来	春新紫燕歌	松青白鹤栖
草暖青牛卧	春催布谷鸟	春来紫燕舞
松高白鹤眠	人效拓荒牛	节到黄牛忙

春丽牛逢草　　　　草绿黄牛卧　　　　春暖青牛跃
月明马识途　　　　松青白鹤吟　　　　山高碧水流

春新牛得草　　　　丑时春入户　　　　得失塞翁马
世盛国增辉　　　　牛岁福临门　　　　襟怀孺子牛

丰稔黄牛志　　　　欢度新春节　　　　黄牛耕九野
富强赤子心　　　　高歌小放牛　　　　白马战疆场

黄牛耕绿野　　　　黄牛耕沃野　　　　将军爱战马
猛虎啸青山　　　　紫气笼新春　　　　农夫喜黄牛

金牛奔盛世　　　　开春迎紫燕　　　　马快骑快马
紫燕舞新春　　　　敬业效黄牛　　　　牛群牧群牛

牛背飘春曲　　　　牛耕芳草地　　　　牛耕千野绿
鹊舌报福音　　　　鹊报吉祥年　　　　鹊闹一庭春

牛开丰年景　　　　牛铃飘翠岭　　　　牛铃垄上起
燕舞艳阳天　　　　燕语暖春风　　　　蛙鼓岸边敲

牛舞丰收岁　　　　牵牛接福来　　　　人逢如意事
鸟鸣幸福春　　　　草发黄牛乐　　　　牛舞艳阳春

人勤春来早　　　　瑞雪迎春到　　　　深恩红赤日
草发牛更肥　　　　金牛贺岁来　　　　忠实老黄牛

鼠趁三更去　　　　鼠遁春风至　　　　鼠去粮满囤
牛驮五福来　　　　牛携喜气来　　　　牛来地生金

岁首春到户　　　献丑休言丑　　　新春牛得草
牛年福满门　　　用牛要学牛　　　盛世国福辉

莺舞池边柳　　　夜草能肥马　　　愿效黄牛力
牛耕陌上春　　　生刍可壮牛　　　尽抒赤子情

（三）六言对联

大地莺歌燕舞　　　鸟唤前山叠翠　　　玉鼠呈祥奏凯
农家马壮牛欢　　　牛耕九野铺金　　　金牛兆瑞迎春

子岁先登富路　　　紫燕欣寻旧主
丑年再上新阶　　　金牛乐舞新春

（四）七言对联

爆竹喧天传喜庆　　　碧树红楼相掩映　　　布谷鸟鸣忙布谷
黄牛犁地播丰收　　　黄牛骏马共迎春　　　牵牛花绽喜牵牛

春临门户白雪化　　　春日一犁牛作画　　　辞旧迎新除硕鼠
福降人间黄牛忙　　　东风万里燕裁诗　　　富民强国效勤牛

川原蝶舞翩翩好　　　翠柳迎春千里绿　　　当年禹甸多铜马
田野牛耕户户忙　　　黄牛耕地万山金　　　今日春郊遍铁牛

横眉冷对千夫指　　　红梅傲雪千门福　　　花开江岸白雪尽
俯首甘为孺子牛　　　碧野放牛五谷丰　　　春到人间黄牛忙

花开枝上白雪尽　　　花木逢春枝叶茂　　　花香鸟语春无限
春到人间黄牛忙　　　牛羊得草体膘肥　　　沃土肥田牛有功

黄牛吃草生新奶　　　黄牛舔犊芳草地　　　黄土田间牛作画
紫燕衔泥筑小巢　　　紫燕营巢杏花天　　　紫微春苑燕吟诗

黄牛喜耕黄土地　　吉日生财牛拱户　　金光大道人催马
紫气萦绕紫藤春　　新春纳福鹊登梅　　黄土田间牛绘春

金牛开出丰收景　　酒酣或化庄生蝶　　可染画牛牛得草
喜鹊衔来幸福春　　饱饭甘为孺子牛　　悲鸿放马马扬蹄

腊梅花放雪将尽　　绿柳摇风燕织锦　　马逢伯乐常提耳
春水升温牛甚忙　　红桃沐雨牛耕春　　牛遇田单独出头

牧童牛背春香路　　年丰人寿农吟曲　　牛耕禹地千家富
游子马蹄梦醉乡　　水美地肥牛放歌　　日照尧天万里香

牛耕沃野千畦绿　　牛耕沃野千山笑　　牛年喜奏丰收乐
鹊闹梅花万朵红　　雪映红梅小院香　　人间笑迎盛世春

牛主乾坤春浩荡　　骑青牛过关老子　　千里驰驱识宝马
人逢喜庆气昂扬　　斩白蛇起义高祖　　一生勤勉美黄牛

牵牛去饮溪头月　　巧剪窗花牛拱户　　人勤一世千川绿
策马奔驰水面风　　妙裁锦绣燕迎春　　牛奋四蹄万顷黄

人寿年丰百姓乐　　人寿年丰农家乐　　人增福寿年增岁
地肥水美众牛欢　　地肥水美春牛歌　　鱼满池塘牛满栏

上生白玉牛羊壮　　神州无处不飞彩　　鼠报平安归玉宇
地产黄金鸡犬欢　　农户有牛喜闹春　　牛随吉瑞下天庭

鼠年不做官仓鼠　　鼠年谱就惊天曲　　鼠去牛来辞旧岁
牛岁甘为孺子牛　　牛岁迎来动地诗　　龙飞凤舞庆新春

鼠去牛来闻虎啸　　　数声柳笛飘牛背　　　数声牧笛传新曲
民殷国富盼龙飞　　　无限春光亮马蹄　　　四野耕犁试早春

天好地好春尤好　　　天下花开白雪尽　　　铁牛拖出满山宝
牛多粮多福愈多　　　人间春到黄牛忙　　　茧手挖来遍地金

万里征程初试马　　　为民当效黄牛力　　　未许田文轻策马
百年伟业乐为牛　　　报图壮怀赤子心　　　愿逢老子再骑牛

无人不恨官仓鼠　　　写完福字描春字　　　新春乐咏黄牛颂
有口皆夸老黄牛　　　迎到金牛买铁牛　　　小院频传喜鹊歌

新春人唱黄牛赞　　　雪映红梅千山笑　　　一犁春雨牛耕地
丰岁诗吟白雪歌　　　牛耕碧野五谷香　　　万丈豪情虎跃山

一曲牧歌传牛背　　　有庆年头牛得草　　　玉碗生光辉琥珀
无边柳色绿村头　　　无垠大道马扬蹄　　　金牛焕彩耀星辰

(五) 八字以上对联

不知索取只知奉献　　　　　　　灭鼠消灾粮丰人寿
勿问收获但问耕耘　　　　　　　养牛致富国裕家康

牛奋三春千山锦绣　　　　　　　鹊唱红梅三春艳丽
人勤四野五谷丰登　　　　　　　牛耕绿野五谷丰登

喜看大地莺歌燕舞　　　　　　　腊尽春归，山村添喜气
笑迎农家马壮牛欢　　　　　　　牛肥马壮，门户浴春风

鼠去牛来，一元欣复始　　　　　喜鹊登梅，百族迎佳节
春明日丽，万象喜更新　　　　　金牛献瑞，万里笑春风

愿巾帼英雄，轻装上马
请牛郎好汉，快点挥鞭

沙马钻沙洞，沙掠沙马目
水牛吃水草，水浸水牛头

随遇而安，素患难行乎患难
与人无忤，呼马牛应以马牛

燕进新居，归来贺岁频传喜
牛耕碧野，不用扬鞭总奋蹄

乐辞鼠岁，处处丰收人人乐
歌颂牛年，家家富裕户户歌

拍马屁，吹牛皮，当面逢迎背面笑
挂羊头，卖狗肉，上场容易下场难

人皆望子成青龙，光炯炯，二目盯天阙
我独愿儿为黄牛，声坎坎，四蹄踏地脊

同榜贵人多，任他稳坐青牛，也向尘中谈道德
相交知己少，笑我重游黄鹤，枉抛家累学神仙

壶里满乾坤，须知游刃有余，漫笑解牛甘小隐
天下无尔我，但愿把杯同醉，休谈逐鹿属何人

爱民如子，牛羊父母，仓廪父母，供为子职而已矣
执法如山，宝藏兴焉，货财殖焉，是岂山之性也哉

起祥云，堂前碧水能翔凤
居福地，对面青山好放牛

瑞雪迎春，泽瑞江山千里翠
金牛贺岁，风披华夏万民欢

燕剪窗花，新墨书联天作纸
牛犁乡土，和风奏凯凤朝阳

游子归乡，紫燕衔泥添喜气
金牛贺岁，红桃沐雨漾春风

试问夜如何？牛女双星渡河汉
欲知春几许？凤凰双翼下秦台

犀牛，蜗牛，孺子牛，喜迎大地莺歌燕舞暮暮朝朝
青牛，金牛，山寨牛，恭祝天下福寿安康岁岁年年

尹公地，拖盂姜女之女，入张子房之房，非奸即盗
闵子骞，牵冉伯牛之牛，耕郑子产之产，为富不仁

人营四季，春种牛毛雨，夏耕牛角月，秋收执牛耳，冬藏养牛气
国泰六旬，人添牛劲足，乡听牛音亲，岁除试牛刀，来年奋牛蹄

六、有关牛的民间歌谣

《阿牛和老牛》

放牛孩子叫阿牛，阿牛放的是老牛。
老牛哞哞叫阿牛，阿牛轻轻拉老牛。
老牛下河水中游，阿牛过河骑老牛。
老牛游水驮阿牛，阿牛放牛骑老牛。

《放牛娃》

牛牛妞妞去放牛，大牛小牛有六头。
牛牛拉着大牛走，妞妞牵着小牛溜。
六头牛，牛六头，牛牛妞妞都爱牛。

《牛槽长长盛草料》

牛吃草，牛吃料，牛槽长长盛草料。
牛俯牛槽吃牛草，牛俯牛槽吃牛料，
牛草牛料盛牛槽。

《妞妞放牛》

小妞妞，来放牛，大牛小牛共六头。
六头牛，牛六头，大牛犄角顶小牛。

大牛顶坏了小牛的头，急坏了放牛的小妞妞。
妞妞热爱村里的牛，不让大牛顶小牛。

《看牛大王年纪轻》

看牛大王年纪轻，七岁唱歌到如今。
北京城里唱一句，震到宫殿半壁城。
皇帝赐我三杯酒，文武百官送出城。

《牧　牛　歌》

东方发白天刚亮啰，清早放牛东山岗哎，
牛儿吃了露水草哎，养得朦肥体又壮啰！

《驯　牛　歌》

做牛耕田，做狗望屋，
做和尚化缘，做鸡报晓，
做小姑娘纺花，哪只牛儿勿耕田？

眼睛生里看，耳朵生里听。
脚如铁钉，东边上，西边落；
一脚板田，一脚犁田，田角头走足。

耕得好，放你早；
耕得勿好，耕你倒；
耕得直，有的食；
耕得蛮，脚尖烂。
耕田耕地好，给你吃个现成草。

《看　牛　歌》

正月里来正月正，正月十五迎花灯。
扎起一盏春牛灯，春牛阿弟真高兴。

二月里来惊蛰迎，今年又是年前春。
看牛阿弟莫要慌，过了春分出栏门。

三月看牛是清明，田头地角麦已青。
阿弟牵牛出栏门，双手勿可离牛绳。

四月看牛立夏长，山田景致真像样。
秧田青来菜花黄，手牵牛绳山歌唱。

五月看牛是芒种，三晴两雨好天空。
晴耕雨种无歇空，种田地人没嬉工。

六月看牛热难挡，日头如火水如汤。
牛放草地凭它吃，走到树下去乘凉。

七月看牛刮秋风，看牛阿弟勿用功。
牛放溪滩把水喝，人钻潭里捉虾公。

八月看牛秋分来，树上大栗已裂开。
牛放南山去吃草，大栗拾满两衣袋。

九月看牛菊花开，看牛阿弟会一块。
身穿蓑衣骑牛背，就像来了骑兵队。

十月看牛立冬近，田畈作稷收干净。
看牛阿弟笑盈盈，绕好牛绳归栏门。

十一月里雪花飞，看牛阿弟坐家里。
找来几本小人书，背靠交椅念几句。

十二月里快过年，牛郎向爹讨铜钿。
买来几百小火炮，油枣麻饼香又甜。

第九章

以牛为题材的民间剪纸

民间剪纸又被称为"窗花"，是在我国民间最为普及的传统手工艺之一，也是我国乡村传统文化的重要组成部分。任何民间文化艺术的产生都与其社会环境因素密不可分，我国的民间剪纸也是如此。剪纸也不是凭空产生的，它与我国特殊的社会形式密不可分。中国是一个有着五千年农耕历史的国家，剪纸恰恰就是适合乡村老百姓在农耕闲暇之余制作的一种乡土艺术品，其内容也是反映各个历史时期、各地的乡土生活。

尤其是在乡土节庆期间，比如春节、立春、端午、重阳、中秋等时节，或是在办喜事的时候，比如结婚、给孩子过满月和百日，人们会用剪刻各种剪纸的形式来增加节日的喜庆气氛。民间剪纸作为中华民族一个展示民俗民风文化的窗口，不仅有装饰民居的功能，更体现出一个民族独特的文化及价值观。

追求吉祥圆满、驱除祸害，这一直是中华乡土民俗的传统。据《庄子·人间世》记载："虚室生白，吉祥止止"，唐人成玄英疏解："吉者，福善之事；祥者，嘉庆之征。"所以，民间认为一切"福善之事""嘉庆之征"都可以求吉避祸。民间的传统节日大多是吉祥、喜庆之日，因此，在传统节日当天人们就要用许多吉祥之物来驱灾去祸，剪纸就是其中的"吉祥之物"，被人们用来保佑家人及牲畜的平安。

牛是农耕社会的标志性符号，中国的乡土牛文化可以追溯到上古时期。在我国最古老的史书《山海经》中，就记载了大量的牛形象。据《史记·补三皇本纪》记载："炎帝神农氏，姜姓，母曰女登，有娲氏之女，为少典纪。感神龙而生炎帝。人身牛首。"人们熟悉的神农氏炎帝，也被描述成牛首人身的形象，由此可见牛对于中华传统文化的影响力之大。

牛文化作为中华传统文化的重要内容，深刻而丰富的表现了牛在人们生活中的重要地位，同时也促进了民间剪纸艺术的发展。作为反映乡土民间文化的剪纸艺术，自然也就展现了我国各地丰富多彩的牛文化。

在我国民间，剪纸的功用主要有四大类：

（1）用于张贴。即直接张贴于门窗、墙壁、灯彩、彩扎之上作为装饰。比如，窗花、墙花、顶棚花、灯笼花、纸扎花、门笺等。

（2）用于摆衬。即用于点缀礼品、嫁妆、祭品、供品等。比如，喜花、供花、礼花、烛台花、斗香花、重阳旗等。

（3）用于刺绣底样。用于衣服、鞋帽、枕头等装饰之用。比如，鞋花、枕头花、帽花、围涎花、衣袖花、背带花等。

（4）用于印染。即作为蓝印花布的印版，用于制作衣料、被面、门帘、包袱、围兜、头巾等。

在我国民间，以牛为题材的剪纸按照其内容和形式可以分为耕田拉车类剪纸、丰收吉庆类剪纸、牧牛类剪纸、招财纳福类剪纸、双牛类剪纸、团牛类剪纸等。

一、耕田拉车类剪纸

图 9-1　牛耕Ⅰ［民间剪纸］

图 9-2　牛耕Ⅱ［民间剪纸］

图9-3　牛耕Ⅲ［民间剪纸］

图9-4　牛耕Ⅳ［山东民间剪纸］

图9-5　牛耕Ⅴ［河南·李笑白］

图9-6　牛耕Ⅵ［山东·柯大先］

图9-7　春耕［郭梅花］

图9-8　秋耕［民间剪纸］

图 9-9 牛拉车 I〔民间剪纸〕

图 9-10 牛拉车 II〔民间剪纸〕

图 9-11 牛拉车 III〔民间剪纸〕

图 9-12 牛拉车 IV〔民间剪纸〕

二、丰收吉庆类剪纸

图 9-13 丰收 I〔民间剪纸〕

图 9-14 丰收 II〔山东民间剪纸〕

图9-15　丰收Ⅲ［贵州民间剪纸］

图9-16　风调雨顺　五谷丰登［民间剪纸］

图9-17　吉庆有余［浙江民间剪纸］

图9-18　恭贺新禧［民间剪纸］

图9-19　迎春Ⅰ［民间剪纸］

图 9-20　迎春Ⅱ［民间剪纸］

图 9-21　迎春Ⅲ［河南·李笑白］

三、牧牛类剪纸

图 9-22　牧牛Ⅰ［民间剪纸］

图 9-23　牧牛Ⅱ［民间剪纸］

图 9-24　牧牛Ⅲ〔民间剪纸〕

图 9-25　牧牛Ⅳ〔山西民间剪纸〕

图 9-26　牧牛Ⅴ〔民间剪纸〕

图 9-27　牧牛Ⅵ〔李宏超〕

图 9-28　牧牛Ⅶ〔民间剪纸〕

图 9-29　牧牛Ⅷ〔民间剪纸〕

图 9-30　牧牛 Ⅸ［民间剪纸］

图 9-31　牧牛 Ⅹ［民间剪纸］

图 9-32　牧牛 ⅩⅠ［民间剪纸］

图 9-33　牧牛 ⅩⅡ［上海民间剪纸］

图 9-34　牧牛（带牛犊）Ⅰ
　　　　　［山东民间剪纸］

图 9-35　牧牛（带牛犊）Ⅱ
　　　　　［民间剪纸］

四、招财纳福类剪纸

图 9-36　招财牛Ⅰ［宁夏民间剪纸］

图 9-37　招财牛Ⅱ［民间剪纸］

图 9-38　招财牛Ⅲ［民间剪纸］

图 9-39　招财牛Ⅳ［民间剪纸］

图 9-40　招财牛Ⅴ［民间剪纸］

图 9-41　招财牛Ⅵ［民间剪纸］

图 9-42　招财进宝Ⅰ［民间剪纸］

图 9-43　招财进宝Ⅱ［湖南·谢运香］

图 9-44　纳福牛Ⅰ［郭艳萍］

图 9-45　纳福牛Ⅱ［葛广荣］

五、双牛类剪纸

图 9-46　双牛迎春Ⅰ［民间剪纸］　　　图 9-47　双牛迎春Ⅱ［湖南·秦岭霞］

图 9-48　双牛Ⅰ［山西民间剪纸］　　　图 9-49　双牛Ⅱ［民间剪纸］

图 9-50　双牛Ⅲ［韩亚娟］　　　图 9-51　双牛Ⅳ［袁升科］

图 9-52 双牛 V［连德林］

图 9-53 双牛 VI［徐丽霞］

图 9-54 牧野春歌［福建·欧阳艳君］

六、团牛类剪纸

图 9-55 团牛 I［民间剪纸］

图 9-56 团牛 II［民间剪纸］

图 9-57　团牛Ⅲ［民间剪纸］　　　　图 9-58　团牛Ⅳ［民间剪纸］

图 9-59　团牛Ⅴ［民间剪纸］　　　　图 9-60　团牛Ⅵ［民间剪纸］

图 9-61　团牛Ⅶ［福建·陈秋日］　　图 9-62　团牛Ⅷ［贵州民间剪纸］

图 9-63　团牛Ⅸ［福建民间剪纸］

图 9-64　团牛Ⅹ［福建·欧阳艳君］

图 9-65　团牛Ⅺ［连德林］

图 9-66　团牛Ⅻ［杨庆峰］

第十章
以牛为题材的民间艺术品

一、有关牛的画像石

画像石，实际上是汉代地下墓室、墓地祠堂、墓阙和庙阙等建筑上雕刻画像的建筑构石。其所属建筑，大多为丧葬礼制性建筑。因此从本质上看，汉画像石是一种祭祀性丧葬艺术。画像石不仅是汉代以前中国古典雕刻艺术发展的巅峰，而且对汉代以后的雕刻艺术也产生了深远的影响，其在中国美术史上独具承前启后作用。总之，画像石是中国古代文化遗产中的瑰宝，是汉代大多没有留下名字的民间艺人雕刻在墓室、棺椁、墓祠、墓阙上的石刻艺术品。

画像石的分布地域很广，一般认为有 4 个中心：一是河南南阳、鄂北区，二是山东、苏北、皖北区，三是四川地区，四是陕北、晋西北区。此外，在河南新密和永城，北京的丰台，浙江的杭州，陕西的邻县，也有零星分布。其中前 3 个区域都是当时的经济文化中心，而第 4 个区域则在东汉顺帝以前是北方的边防重地。

画像石的内容丰富多彩，一般可分为三类。一是反映当时丰富多彩的现实生活，二是展示垂教后世的历史故事，三是反映雄奇瑰丽的神仙世界。总之，汉画像石内容丰富，取材广泛，并从各个不同的角度反映了汉代的社会状况、风土人情、典章制度、宗教信仰等，其中当然也包括关于牛的符号与场景。

图 10-1　汉代画像石—牛耕图

图 10-2　陕西榆林出土的汉画像石—
二牛抬杠〔拓片〕

图 10-3　江苏省睢宁出土的汉牛
耕画像石〔拓片〕

图 10-4　陕西绥德出土的东汉墓
画像石—牛车〔拓片〕

图 10-5　陕西绥德出土的东汉墓
画像石—牛耕〔拓片〕

图 10-6　陕西米脂县出土的
西汉农耕图画像石

二、有关牛的青铜器和铜器

青铜器是由青铜合金制成的器具，诞生于人类文明进程的青铜时代。最早的青铜器出现于 6 000 年前的古巴比伦两河流域。中国青铜器制作有 4 000～5 000 年的历史，并具有极高的艺术价值和史料价值。

在距今 5 000～4 000 年前，相当于传说中的尧舜禹时代，古文献上就记载了当时人们开始冶铸青铜器。在黄河、长江中下游地区的龙山时代遗址中，考古人员在几十处遗址中都发掘出了青铜器制品。牛作为荒蛮时代人们狩猎的对象和中国农耕文化的重要符号，当然也会在青铜器中有所展示。

图 10-7　青铜牛觥［商代］

图 10-8　青铜牛尊［商代］

图 10-9　陕西西安张家坡遗址 1984 年
出土的牛形青铜牺尊［西周］

图 10-10　青铜牛纹车饰［西周］

图 10 - 11　云南江川县李家山西汉墓
　　　　　出土战国牛虎铜案［战国］

图10 - 12　云南江川县李家山西汉墓
　　　　　出土战国铜枕［战国］

图 10 - 13　错金银青铜牛［战国］

图 10 - 14　云南晋宁石寨山 13 号墓
　　　　　出土的铜立牛［西汉］

图 10 - 15　云南晋宁出土的七牛虎
　　　　　耳储贝器［西汉］

图 10 - 16　云南晋宁石寨山 10 号墓
　　　　　出土的牧牛铜器盖［西汉］

图 10-17　云南晋宁石寨山 6 号墓
出土的铜扣饰—
四人缚牛图［西汉］

图 10-18　云南晋宁石寨山 13 号墓
出土的铜扣饰—牛头
［西汉］

图 10-19　牛形铜灯［西汉］

图 10-20　错银饰青铜牛灯［东汉］

图10-21　北齐铜牛车［山东博物馆］

图 10-22　辽代铜鎏金牛头杯
［雅安博物馆］

图 10 - 23　西夏铜鎏金牛

［宁夏博物馆］

图 10 - 24　清代鎏金卧牛

［雅安博物馆］

图 10 - 25　圆明园铜牛首

图 10 - 26　北京颐和园文昌院

收藏铜鎏金牛

图 10 - 27　北京颐和园昆明湖畔

镇水铜牛

三、有关牛的陶器和瓷器

陶器，是用黏土或陶土经捏制成形后烧制而成的器具。陶器制作历史悠久，在新石器时代就已见到简单粗糙的陶器。陶器在古代是作为生产生活用品而存在的，它是人类由旧石器时代发展到新石器时代的标志之一。

最早的陶器是将天然泥土与砸碎的石英石类颗粒按一定比例混合，加水揉搓后捏制成坯料，经晾干后再进行烧制，最后制成不怕水、不开裂的生产生活用器皿。陶器器身内部多孔（不及瓷器致密），不透明，一般有施釉料的陶器和不施釉料的陶器两类。陶器质地比瓷器粗糙，不施釉料的陶器通常呈黄褐色，有些陶器上还刻有各类纹饰。如果施釉料，则陶器可以是彩色的，也可以呈现出各种彩色花纹。

中国的原始瓷器起源于 3 000 多年前。至宋代时，中国制瓷业已经进入最为繁荣的时期，当时各大名窑已遍布大半个中国。当时的汝窑、官窑、哥窑、钧窑和定窑被并称为宋代"五大名窑"，比较有名的还有柴窑和建窑。

由于牛与人们的生活密切相关，又是中华农耕文化的代表性形象，因此，无论是陶器还是瓷器，牛的符号与形象都成为陶器或瓷器的烧造对象或是装饰纹样。

图 10 - 28　汉景帝阳陵出土
彩绘陶牛〔西汉〕

图 10 - 29　汉代陶牛

图 10 - 30 灰陶牛车［西汉］

图 10 - 31 带犊陶卧牛［东汉］

图 10 - 32 三彩陶牛［东汉］

图 10 - 33 陶牛车［北魏］

图 10 - 34 陶牛拉车［南朝］

图 10 - 35 陶牛［北齐］

图 10 - 36　彩陶牛［北齐］

图 10 - 37　陶牛［唐代］

图 10 - 38　彩釉陶立牛［唐代］

图 10 - 39　青花斑点牧童骑牛［唐代］

图 10 - 40　龙泉窑青釉牧童
骑牛砚滴［元代］

图 10 - 41　青花童子骑牛［明代］

图10-42 清乾隆仿生瓷牛

图10-43 黑釉水牛［清代］

四、有关牛的木雕和木刻版画

（一）有关牛的木雕

木雕是雕塑艺术的一种，在我国常常被人们归为"民间工艺"。木雕可以分为立体圆雕、镂雕、浮雕、根雕几大类，有时还会通过涂色施彩来保护木质和美化木雕。木雕手艺是从木工中分离出来的一个工种，在我国的工种分类中一般被称为"精细木工"。

木雕一般选用质地细密坚韧、不易变形的树种，比如楠木、紫檀、樟木、柏木、银杏、沉香、龙眼等。采用自然形态的树根雕刻为艺术品的则被称为"树根雕刻"。

木雕艺术起源于新石器时期的中国，距今7 000多年前的浙江余姚河姆渡文化遗址，就已经出现木雕鱼。秦汉两代木雕工艺逐渐趋于成熟，并实现了绘画、雕刻技术的完美结合。唐代是中国工艺技术大放光彩的时期，木雕工艺也日趋完美。保存至今的唐代木雕佛像，都堪称中国古代艺术品中的杰作。

明清时期的木雕题材多为生活风俗和神话故事，比如吉庆有余、五谷丰登、平安如意、松鹤延年等，这些主题深受当时社会的欢迎。牛作为农耕文化的符号，或是农家生活的象征，也经常会成为木雕描述的对象或是木雕的装饰纹样。

图 10-44　清代隔扇门腰板—渔樵耕读［观复博物馆］

图 10-45　清代隔扇门腰板—误走水镜庄

图 10-46　安徽黟县窗棂木雕—
相牛图

图 10-47　花梨木木雕牛［民国］

图 10-48　木雕牧童骑牛［民国］

图 10-49　木雕牧童骑牛

（二）有关牛的木刻版画

木刻版画是在木板上刻出反向图像，再印在纸上供人欣赏的一种版画艺术。版画（直接在木板上刻画），也是中国美术的一个重要门类。古代的版画主要是指木刻版画，也有少数为铜版刻和套色漏印。木刻版画那独特的韵味，使它在中国艺术史上具有独特的艺术价值与市场地位。

中国古代四大发明之一的印刷术，是人类文明发展史上的重要里程碑。而印刷术的基础原本就是木板雕刻。将文字反向雕刻在木板上，然后再通过印刷使字迹保留在纸上，这就是印刷术。一般认为，中国印刷术成型于唐代，最早是用于刻印经卷。据宋人朱翌《猗觉寮杂记》记载："雕印文字，唐以前无之，唐末益州始有墨版。"

在中国，早期的木刻版画主要是年画。由于年画接近老百姓的生活，市场大，需要价廉物美，而手工绘制耗时长，不能满足市场需求。所以在明清年间，民间木刻年画异军突起，并以数量大、价格廉而风行各地。其中的河南朱仙镇、苏州桃花坞、天津杨柳青、山东潍坊、四川锦竹的木刻年画被人们并称为"中国五大民间木刻年画"。牛由于是农耕文化的代表性符号，因而常常被用于木刻年画中，也常常被用于庆祝丰收等木刻版画中。

图 10-50　陕西农家自刻木板印制的春帖子—太平天下

图 10-51　版画—万象更新

图 10-52　桃花坞版画—春牛图

图 10-53　潍坊版画—春牛图

图 10-54　杨柳青画—春牛图

图 10-55　版画—春牛图［四季丰收年］

图 10 - 56 版画—牛耕图

图 10 - 57 版画—牧牛图 Ⅰ

图 10 - 58 版画—牧牛图 Ⅱ

图 10 - 59 版画—牧牛图 Ⅲ

五、有关牛的民间泥塑

泥塑艺术，是中国民间的一种传统艺术形式。泥塑就是用黏土塑制成各种艺术形象的一种民间手工艺。其制作方法是在黏土里掺入少许棉花等纤维，捣匀后，再捏制成各种形象的泥坯，经过阴干后，涂上底粉，最后再施彩绘。

泥塑以泥土为原料，以手工捏制成形，或素或彩，多以人物或动物为捏制对象。泥塑在我国民间又被俗称为"彩塑""泥玩"等。我国泥塑最早发源于陕西省宝鸡市的凤翔县，后流行于陕西、山西、天津、河南、江苏等地。牛由于是农耕文化的符号，也蕴含着丰收的寓意，因而也就自然成为泥塑的创作对象。

图 10-60 民国年间的泥塑牛

图 10-61 彩色泥塑牛
［陕西省凤翔县］

图 10-62 半彩泥塑牛
［陕西省凤翔县］

图 10-63 素白泥塑牛
［陕西省凤翔县］

图 10-64 泥塑牛［陕西省宝鸡市］

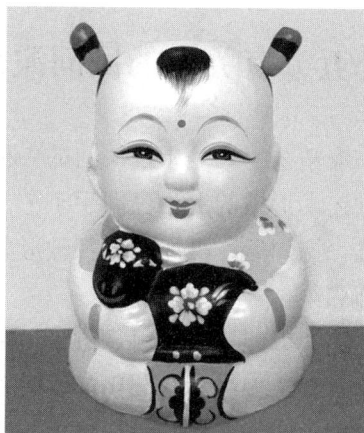

图 10-65 阿福抱牛
［无锡惠山泥人］

六、有关牛的面塑

面塑，又叫面花、礼馍、花糕，是源于山西、山东、河北等地的中国民间传统艺术形式之一。一般是以面粉为主料，做出各种不同的造型或是调成不同的色彩。面塑只用手和简单工具，就能塑造出各种栩栩如生的形象。

据史料记载，中国的面塑艺术早在汉代就已经有文字记载，经过几千年的传承和发展，早已成为中国传统文化和民间艺术的一部分。面塑也是人们研究历史、考古、民俗、雕塑、美学不可忽视的实物资料。从面塑的捏制风格来看，一般都会显示出古朴、粗犷、豪放等一些艺术特点。

图 10-66　牛花馍

图 10-67　牛头花馍

图 10-68　丑牛花馍

图 10-69　杂面制作的面牛

七、有关牛的刺绣和毛毡绣

刺绣就是用针线在织物上绣制出各种装饰图案，一般是用针将丝线或其他纱线以一定图案和色彩在绣料上穿刺，以绣迹构成花纹的装饰织物。刺绣是中国民间传统手工艺形式之一，在中国至少已经有 2 000～3 000 年的历史。

牛与人们的生活密切相关，因此，牛的形象图案也被人们作为装饰图案刺绣在织物上，以表达人们对牛的喜爱和对于美好生活的向往。

图 10-70　牧童骑牛纹刺绣［明代］

图 10-71　牛纹刺绣［清代］

图 10-72　苗族刺绣纹样—牛在水中游

图 10-73　苗族民间牛纹刺绣Ⅰ

图 10-74　苗族民间牛纹刺绣Ⅱ

图 10-75　苗族龙牛刺绣Ⅰ

图 10-76　苗族龙牛刺绣Ⅱ

图 10-77　牛图案刺绣枕顶

图 10-78　刺绣牧童骑牛

图 10-79　牛刺绣补花

第十一章
以牛为题材的绘画作品

一、唐代的牛绘画

1. 韩滉

韩滉被称为历代画牛第一人，为唐代宰相，其博才多艺，工书法，善诗词，擅画人物、农村风俗景物及牛、马、羊、驴等动物。其传世的旷世名作《五牛图》，将牛的站立、行走、俯首、昂头、回首等神态描绘得栩栩如生、淋漓尽致。元代书画大师赵孟頫赞其为"神气磊落，希世名笔"。乾隆皇帝称其为"真诒春黎"。

韩滉的《五牛图》，是现存最古老的纸本画，也是中国十大传世名画之一（图11-1）。

图 11-1　五牛图［唐·洪滉］

2. 戴嵩

戴嵩是唐代继韩滉之后又一位画牛大师，是韩滉的弟子。与韩滉不同的是，韩滉擅长画黄牛，而戴嵩擅长画水牛。相传最初戴嵩师从韩滉画牛，深得其笔法精髓，但作品风格摆脱不了韩滉的影子，为此他非常烦恼。有一天，他偶然看见两头水牛在打架，茅塞顿开。从此之后，他就经常到田间地头仔细观察水牛的各种神态，并以水牛为绘画对象，最终成为出类拔萃的画牛大师。

戴嵩笔下的水牛注重筋骨，突出其野性和动感，因而获得了"野性筋骨之妙"的美誉。其最著名的代表作有《斗牛图》《牧牛图》《归牧图》等（图11-2至图11-7）。

图11-2 斗牛图［唐·戴嵩］

图11-3 牧牛图（立轴）［唐·戴嵩］

图11-4 归牧图［唐·戴嵩］

图 11-5 乳牛图［唐·戴嵩］

图 11-6 牧牛图［唐·戴嵩］

图 11-7 水中牧牛［唐·戴嵩］

二、宋代的牛绘画

1. 李唐

李唐（1066—1150），南宋著名画家，擅长山水、人物，并以画牛著称。其画风苍劲古朴，浑厚雄壮，与刘松年、马远、夏圭并称"南宋四大家"。其笔下的牛构图巧妙，牛和山水、风景和人物跃于画卷，相得益彰，使得牛和人物生动传神，栩栩如生。

其传世画牛名作有《童子戏牛图》《春景牧牛图》《百牛图》等（图 11-8 至图 11-11）。

图 11-8 春景牧牛图［宋·李唐］

图 11-9　童子戏牛图［宋·李唐］

图 11-10　百牛图（局部）［宋·李唐］

图 11-11　春牧图［宋·李唐］

2. 李迪

李迪，生卒年代不详，宋代画家，河阳（今河南省孟州市）人，北宋宣和时为画院成忠郎，南宋绍兴时复职为画院副使，经历宋孝宗、宋光宗、宋宁宗三朝（1162—1224），活跃于宫廷画院几十年，画多艺精，颇负盛名。其画作构思精妙，功力深湛。李迪存世的关于牛的画作为《风雨牧归图》和《雪中归牧图》（图 11-12、图 11-13）。

3. 夏圭

夏圭是南宋著名画家，擅画人物、山水，与李唐、刘松年、马远、并称"南宋四大家"。其画牛笔画细腻圆润、水墨淡雅，传世画牛作品有《雪溪放牧图》等（图 11-14、图 11-15）。

图 11-12　风雨归牧图［宋·李迪］

图 11-13　雪中归牧图［宋·李迪］

图 11-14　雪溪放牧图［宋·夏圭］

图 11-15　牧牛图（局部）［宋·夏圭］

4. 阎次平

阎次平（生卒年代不详），河东（今山西省永济市）人，为北宋末画家阎仲之子。南宋画家，继承家学，而画艺超过其父。擅绘山水，法荆浩、关全，风格接近王诜、李唐；亦善人物，尤工画牛，作品颇为生动。存世作品有《四季牧牛图》《秋野牧牛图》等（图 11－16 至图 11－20）。

图 11－16　四季牧牛图—第 1 部分［南宋·阎次平］

图 11－17　四季牧牛图—第 2 部分［南宋·阎次平］

图 11－18　四季牧牛图—第 3 部分［南宋·阎次平］

图 11-19　四季牧牛图—第 4 部分 [南宋·阎次平]

图 11-20　秋野牧牛图 [南宋·阎次平]

5. 毛益

　　毛益是南宋著名画家，其擅画花鸟、竹柳和动物，为孝宗乾道间朝廷画师。其笔下的牛显得憨厚可爱、活泼生动，传世画牛作品有《牧牛图》等（图 11-21）。

图 11-21　牧牛图［南宋·毛益］

6. 王藻

关于宋代画家王藻，史料的记载很少。在《国绘宝鉴》中，仅记录有其"工画牛马"寥寥四字之说。这幅《归牧图》画面中是隆冬季节的放牧场景，天气阴霾，木叶尽脱，树枝、坡石都留有厚厚的积雪。单衣跣足的牧童手持树枝，正在驱赶着老牛归家。就画面而言，确是体现了王藻"工画牛马"的特色，这很有可能是王藻画作存世的唯一真迹（图 11-22）。

7. 李椿

李椿，南宋人，生卒年代不详。其画作《牧牛图》现收藏于克利夫兰美术馆（图 11-23）。

图 11-22　牧牛图［南宋·王藻］

图 11-23　牧牛图［南宋·李椿］

8. 楼璹

楼璹，字寿玉，又字国器，鄞县（今浙江宁波）人，生于北宋元祐五年（1090）卒于绍兴三十二年（1162）。宋高宗时（1133）做过临安府于潜县令，深感农夫、蚕妇之辛苦。绘制了著名的《耕织图》，反映江南农业情况。《耕织图》每图皆配以五言八句诗。后来，楼璹之孙楼洪、楼深等以石刻之传于后世（图 11-24、图 11-25）。

图 11-24　耕织图—牛耕（其一）
［南宋·楼璹］

图 11-25　耕织图—牛耕（其二）
［南宋·楼璹］

9. 佚名（图 11-26 至图 11-31）

图 11-26　柳荫牧牛图（双幅）［宋·佚名］

图 11-27 柳塘放牧图［宋·佚名］

图 11-28 柳塘呼犊图［宋·佚名］

图 11-29 柳溪归牧图［宋·佚名］

图 11-30 牧牛图［宋·佚名］

图 11-31 牧牛图［宋·佚名］

三、元代的牛绘画

赵雍（1289—1369），字仲穆，吴兴（今浙江湖州）人，元代书画家，赵孟頫之子。赵雍以父荫入仕，官至集贤待制、同知湖州路总管府事。其书画继承家学，赵孟頫尝为幻住庵写金刚经未半，雍足成之，其连续处人莫能辨。赵雍擅山水，尤精人物鞍马。书善正、行、草，亦长篆书，精鉴赏。其传世作品有《兰竹图》《溪山渔隐》《饮中八仙图》等，也有《仿东坡遗意》（牛画）传世（图 11 - 32）。

图 11 - 32　仿东坡遗意
［元・赵雍］

四、明代的牛绘画

1. 戴进

戴进（1388—1462），字文进，号静庵、玉泉山人，钱塘（今浙江杭州）人，擅画山水、人物、花鸟、虫草，为"浙派绘画"的开山鼻祖，也是明代著名画家。其画牛笔法娴熟，浑厚圆润，显得生动传神（图 11 - 33 至图 11 - 35）。

图 11 - 33　牧牛卷（局部 1）［明・戴进］

图 11-34　牧牛卷（局部 2）[明·戴进]

图 11-35　牧牛图 [明·戴进]

2. 沈周

沈周（1427—1509），字启南，号石田，又号白石翁等，长洲（今江苏苏州）人，明代杰出画家，与文徵明并称为"吴派"两大家，与文徵明、唐寅、仇英并称"明四家"。沈周博学多才，精文学，工诗画，善画山水、花卉、鸟兽、虫鱼，且皆极神妙，其绘牛笔法苍劲圆润、厚重凝炼，显得意趣盎然（图 11-36）。

图 11-36　牧牛图［明·沈周］

3. 蒋嵩

蒋嵩，字三松，号徂来山人、三松居士，江宁（今江苏南京）人。生卒年不详，从艺活动约在成化、嘉靖间。蒋嵩善画山水人物，画法宗吴伟，为浙派名家之一。喜用焦墨枯笔，亦善用淡墨，浓淡相间，浑然一体；山石多用大片湿墨，颇见功力，虽尺幅山水，小桥流水却云蒸雾涌，烟霞缥缈。其传世的牛绘画有《牧牛图》等（图 11-37）。

图 11-37　牧牛图［明·蒋嵩］

4. 周臣

周臣（1460—1535），字舜卿，号东村，吴县（今江苏苏州）人，中国明代著名画家。他擅长画人物和山水，画法工细严整。他的两个学生十分著名，一个是唐寅，另一个是仇英。唐寅、仇英青出于蓝，风格上与周臣极为接近，但当时名气就已超过其老师。

周臣的画章法严谨，用笔纯熟。其人物画非常出色，南京博物院收藏的周臣代表作《柴门送别图》，描绘一文人携琴访友后，主客分别时依依不舍的情景，明月早已挂在高空，船工也已在船头熟睡，直至客人快要上船了，他还未醒来。这说明主客相谈时间之长，友谊之深。周臣是个丰产画家，流传下来的作品数量不少，其中就有下笔不苟的《牧牛图》（图 11-38）。

图 11-38 牧牛图 ［明·周臣］

5. 郭诩

郭诩（1456—1532），字仁弘，号清狂道人，江西泰和人，明代著名画家。郭诩工于书画，尤其擅长山水、人物、花鸟、牛马。其所绘牛画笔划纤细柔和，墨清气雅，隽永有致，耐人寻味，传世的绘牛作品有《牛背横笛图》等（图 11-39）。

6. 唐寅

唐寅（1470—1524），字伯虎，小字子畏，号六如居士，苏州府吴县（今江苏省苏州市）人，祖籍凉州晋昌郡。明朝著名书法家、画家、诗人。在绘画上与沈周、文徵明、仇英并称"吴门四家"，又

图 11-39 牛背横笛图
［明·郭诩］

称"明四家"。

唐寅的绘画作品融宋代院体技巧与元人笔墨韵味为一体，呈现出劲峭而又不失秀雅的品貌风骨。其构图简约清朗，画面层次分明，疏密有致，用笔清隽，纤而不弱，力而有韵，尽显刚柔相济之美。其墨色淋漓多变，和泽有神；意境清雅幽丽，超凡脱俗（图11-40）。

图11-40　葑田行犊图（局部）
[明·唐寅]

五、清代的牛绘画

1. 杨晋

杨晋（1644—1728），字子和、子鹤，号西亭、谷林樵客、鹤道人、野鹤，江苏常熟人，擅画山水、人物、花鸟、草虫和动物，尤其擅长画牛，为韩滉、戴嵩之后又一位画牛大师。其绘牛画风细致，清新秀丽，突出牛、人物、山水风景的巧妙融合，将牛和人物的姿态与神态描绘得生动传神。其传世的绘牛作品颇多，主要有《石谷骑牛图》《西园牧牛图》《郊原放牧图》等（图11-41至图11-45）。

图11-41　西园牧牛图（局部1）[清·杨晋]

图 11 - 42 西园牧牛图（局部 2）[清·杨晋]

图 11 - 43 散牧图 [清·杨晋]

图 11 - 44 牧牛图 [清·杨晋]

图 11 - 45　牧牛图 [清·杨晋]

2. 李世倬

李世倬（1687—1770），字天章，一字汉章、天涛，号谷斋，又号菉园、星厓，奉天（今辽宁沈阳）人，隶籍汉军正黄旗。其官至副都御史，曾任太常，故人称李太常。

李世倬少随父宦游江南，善画山水、人物、花鸟、果品，各臻其妙。其人物画，自言得吴道子水陆道场图而阅之，遂悟其法；其花鸟、果品各种写意，写意传神，颇有生趣（图 11 - 46）。

图 11 - 46　仿沈周牧牛图 [清·李世倬]

3. 黄慎

黄慎（1687—1770），初名盛，字恭寿、恭懋、躬懋、菊

壮，号瘿瓢子，别号东海布衣，福建宁化人，清代杰出书画家，"扬州八
怪"之一。黄慎善诗文、工书法、精绘画，擅画人物、山水、花鸟，其画
牛用墨浓淡相间，笔姿放纵，线条细致，情韵兼备。传世绘牛作品有《牧
牛图》《老子出关图》等（图11-47、图11-48）。

图11-47　牧牛图［清·黄慎］

图11-48　老子出关图［清·黄慎］

4. 金农

金农（1687—1763），字寿门、司农、吉金，号冬心先生、稽留山民、
曲江外史、昔耶居士等，因其人生历经康熙、雍正、乾隆三朝，所以自封
了"三朝老民"的闲号，钱塘（今浙江杭州）人，布衣终身。清代书画
家，扬州八怪之首。

金农好游历，卖书画自给，晚年寓居扬州，嗜奇好学，工于诗文书法，
并精于鉴别。其书法创扁笔书体，兼有楷、隶体势，时称"漆书"。53岁后
才工于画。其画善用淡墨干笔作花卉小品，尤工画梅，代表作有《东萼吐
华图》《空捍如洒图》《腊梅初绽图》《玉蝶清标图》等（图11-49）。

图 11-49 朱元璋放牛［清·金农］

5. 罗聘

罗聘（1733—1799），清代画家，"扬州八怪"之一。祖籍安徽歙县，其先辈迁居扬州。为金农的入室弟子，布衣，好游历。对于人物、佛像、山水、花果、梅兰竹等，无所不工，笔调奇创，超逸不群，别具一格。善画《鬼趣图》，画鬼态无不极尽其妙，借以讽世。

在《清史稿》中，称罗聘"画无不工"。其代表作有《物外风标图》《两峰蓑笠图》《丹桂秋高图》《谷清吟图》《画竹有声图》等。罗聘为"扬州八怪"中最年轻者。罗聘之友吴锡麒为罗聘的《香叶草堂诗存》作序，评曰："活梅花于腕下，生竹树于胸中。春山淡而秋山明，新鬼大而故鬼小。极云烟之变幻，姿粉墨之临摹。"（图 11-50）。

6. 沈宗骞

沈宗骞（1736—1820），字熙远，号芥舟，又号研湾老圃，浙江乌程（今湖州）人。生平杰出画作《汉宫春晓》《万竿烟雨》，为赏鉴家所宝，有神品之目。沈宗骞早岁能书、画，小楷、章草及盈丈大字，皆具古人神致魄力，画山水、人物十分传神，无不精妙（图 11-51）。

图 11-50　牧牛图（立轴）

［清·罗聘］

图 11-51　牧牛图（立轴）

［清·沈宗骞］

7. 金廷标

金廷标，清代画家，字士揆，乌程（今浙江湖州）人，工于写真，并能妙绘人物仕女及花卉，善取影，白描尤工。乾隆南巡时，金廷标进贡白描罗汉册，后受命入内廷供奉。所绘写意秋果及人物，皆得乾隆题咏。《石渠宝笈》著录了他的 81 幅作品（图 11-52）。

8. 王礼

王礼（1813—1879），初名秉礼，字秋言，号秋道人，南翁道人，江苏吴江人，寓上海甚久。幼嗜笔墨，从沈石芗学写花鸟，劲秀洒落，笔如刻铁，俊逸之气，令人意爽（图11-53）。

图11-52 牧归图扇面［清·金廷标］

图11-53 牧牛扇面［清·王礼］

9. 陈崇光

陈崇光（1838—1896），原名召，字崇光，后改字若木，栎生，号纯道人，江苏扬州人。初为雕花工，后为虞蟾弟子。

陈崇光曾客寓皖中蒯氏家，多见宋元名家真迹，力追古人，画艺锐进。他工于花鸟、人物、草虫、山水，尤长双钩花卉，为当时的扬州大家。光绪十三年（1887），黄宾虹曾在扬州师从其学花鸟画，受其影响至深，推崇其"极合古法，沉雄浑厚"。吴昌硕曾赞其"笔古法严，妙意从草篆中流出"（图11-54）。

图11-54 牧童骑牛［清·陈崇光］

10. 王维翰

王维翰，是同治十三年（1874）甲戌科第三甲第189名进士，画家，生卒年代不详。据《民国续修兴化县志》记载："王维翰，字墨林。工画法，人物、山水、花鸟各极其妙，初宗十三峰草堂。"在画艺上，王维翰不故步自封，吸取众长，不断研究，锐意进取，终获得成功，在画坛赢得地位（图11-55）。

图 11-55　牧牛图［清·王维翰］

11. 任伯年

任伯年（1840—1896），名颐，真名任工，字伯年，号小楼，浙江山阴人，清末著名画家，晚清"海上画派"的首领人物和杰出代表，与任熊、任熏、任预合称"上海四任"，又与蒲华、虚谷、吴昌硕合称"上海四大家"。任伯年擅画人物、花鸟、动物，其画牛构图新颖，造型准确，设色明净淡雅，笔墨洒脱传神，色彩艳丽悦目，显得清秀明丽（图 11-56 至图 11-57）。

图 11-56　牧牛图［清·任伯年］

图 11-57　牧牛图［清·任伯年］

12. 周应芹

周应芹（1850—1926），江苏东
台（书画之乡）人，字子香（籽
襄），号水英，为周丕烈（清代画
家）之子，周应昌（清代画家）之
兄。周应芹为清贡生、学者、书画
家，著有《南庄辑略》等，其写意
山水，花鸟均有笔力（图 11 - 58）。

图 11 - 58　牧牛图扇面［清·周应芹］

13. 倪田

倪田（1855—1919），初名宝田，字墨畊，号墨道人、墨翁，江苏江都人，
主要生活在上海。他画人物、仕女及古佛像取境高逸、线条流畅，尤善画马
及走兽，能随手挥洒，不用巧笔起稿。光绪年间他行商到上海，爱上任颐
（即任伯年）的画，遂弃其业而参用任法。其画作涉猎很广，水墨巨石、设色
花卉、山水村景，都能描摹得腴润遒劲（图 11 - 59 至图 11 - 62）。

图 11 - 59　稚童牧牛图（立轴）
［清·倪田］

图 11 - 60　牧牛图［清·倪田］

图 11 - 61　春牧牛［清·倪田］　　　　图 11 - 62　牧牛图［清·倪田］

六、现代画家的牛绘画

1. 齐白石

绘画大师齐白石（1864—1957），生于湖南长沙湘潭县。原名纯芝，字渭青，号兰亭，后改名璜，字濒生，号白石、白石山翁、老萍、饿叟、借山吟馆主者、寄萍堂上老人、三百石印富翁。

齐白石是近现代中国的国画大师，世界文化名人。其早年曾为木工，后以卖画为生。他擅画花鸟、虫鱼、山水、人物画，笔墨雄浑滋润，色彩浓艳明快，造型简练生动，意境淳厚朴实（图 11 - 63 至图 11 - 66）。

图 11-63　牧牛图［齐白石］

图 11-64　牧牛图［齐白石］

图 11-65　柳牛［齐白石］

图 11-66　双牛［齐白石］

2. 金梦石

金梦石（1869—1952），名龢，字梦石，江苏吴县人，清末民初书画家，上海书画研究会会员，海上画派代表人物之一。他工人物、花卉、翎毛，其写意画，笔意奔放，其工致类画，形神毕肖。1910 年上海成立

"海上书画研究会"，金梦石为其中成员（图 11 - 67）。

图 11 - 67　牧牛图［金梦石］

3. 徐悲鸿

徐悲鸿（1895—1953），江苏宜兴人，现代画家、美术教育家。它曾留学法国学习西洋画，归国后长期从事美术教育，先后任教于国立中央大学艺术系、北平大学艺术学院和北平艺专，1949 年任中央美术学院院长。

徐悲鸿擅长人物、走兽、花鸟，主张现实主义，强调国画改革融入西画技法，作画主张光线、造型，讲求对象的解剖结构、骨骼的准确把握，并强调作品的思想内涵，对当时中国画坛影响甚大（图 11 - 68 至图 11 - 75）。

图 11 - 68　牧童与牛［徐悲鸿］

图 11 - 69　九州无事乐耕图［徐悲鸿］

图 11-70　村歌［徐悲鸿］

图 11-71　双牛图［徐悲鸿］

图 11-72　牧童骑牛图［徐悲鸿］

图 11-73　卧牛［徐悲鸿］

图 11-74　卧牛［徐悲鸿］

图 11-75　牧牛图［徐悲鸿］

4. 溥儒

溥儒（1896—1963），满族，原名爱新觉罗·溥儒，初字仲衡，改字心畬，自号羲皇上人、西山逸士，北京人，著名书画家、收藏家，为清恭亲王奕䜣之孙。他曾留学德国，笃嗜诗文、书画，在两方面皆有成就。画工山水、兼擅人物、花卉及书法，与张大千有"南张北溥"之誉，又与吴湖帆并称"南吴北溥"（图11-76、图11-77）。

图 11-76 牧牛图〔溥儒〕

图 11-77 秋林牧牛〔溥儒〕

第十二章

以牛为题材的邮票

邮票是供寄递邮件贴用的邮资凭证。各国都希望在邮票的方寸之间，展现出本国或本地区的历史、文化、风土人情、自然风貌等特色。这就让邮票除了代表邮政资费的价值之外，还具有一定的文化交流价值。

一、中国发行的牛邮票

养牛是我国畜牧业的主要经营内容之一，以邮票的方式展现牛和养牛活动也是比较常见的。同时，牛还是我国传统的十二生肖之一，因此，每到牛年各国或各地区邮政机构都会发行牛年生肖邮票，这也逐渐成为一种每隔 12 年就出现一次的文化现象。

（一）中国大陆发行的牛邮票

图 12-1 1942 年山东省战时邮务总局发行的牛耕邮票

图 12-2　1950 年华东区生产图邮票［加字改值票］

图 12-3　1952 年发行的和平解放西藏邮票［双联］

图 12-4　1953 年发行的敦煌壁画
　　　　 邮票

图 12-5　1955 年发行的第一个
　　　　 五年计划邮票—畜牧

图 12-6　1959 年发行的全国农业
展览馆邮票

图 12-7　1963 年发行的上海
泥塑春牛邮票

图 12-8　1981 年发行的系列牛邮票 [六联]

图 12-9　1987 年发行的今日
农村邮票—喂牛

图 12-10　1988 年发行的
北周农耕邮票

图 12-11　1989 年发行的吴作人
画作邮票—齐奋进

图 12-12　1994 年发行的深圳经济
特区邮票—拓荒牛

图 12-13　1998 年发行的邮票贺兰
山岩画邮票—公牛

图 12-14　1999 年发行的汉画像
石邮票—二牛抬杠

图 12-15　2006 年发行的青藏铁路通车纪念邮票—穿越唐古拉山

图 12 - 16　2007 年发行的李可染画作
邮票—浅塘渡牛图

图 12 - 17　2010 年发行的牛郎织女
邮票—男耕女织

图 12 - 18　2015 年发行的二十四节气邮票—春分和惊蛰

图 12 - 19　2015 年发行的图说我们的价值观邮票小型张—中国梦，牛精神

图 12 - 20　1985 年发行的牛生肖邮票二联张

图 12 - 21　1997 年发行的牛生肖邮票二联张

图 12 - 22　2009 年发行的牛生肖邮票小型张

（二）中国香港发行的牛邮票

图 12 - 23　香港 1936 年发行的免于饥馑运动邮票

图 12 - 24　香港 1973 年发行的牛生肖邮票

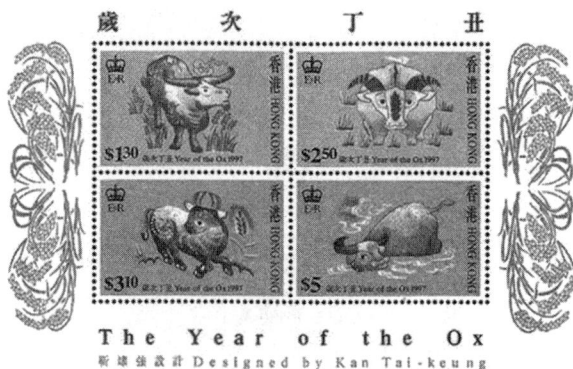

图 12 - 25　香港 1997 年发行的牛生肖邮票四联张

图 12 - 26　香港 2005 年发行的神州风貌系列—钱塘江潮

图 12 - 27　香港 2009 年发行的牛生肖邮票四联张

（三）中国澳门发行的牛邮票

图 12 - 28　澳门 1985 年发行的牛年邮票二联张

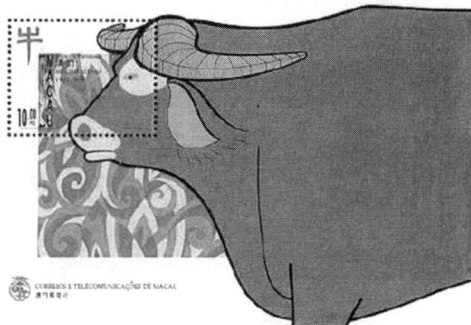

图 12 - 29　澳门 1997 年发行的牛年邮票小型张

图 12 - 30　澳门 2009 年发行的牛年邮票小型张

图 12 - 31　澳门 2009 年发行的牛年邮票五联张—金木水火土

（四）中国台湾发行的牛邮票

图 12-32　中国台湾发行的爱护牲畜邮票［双联］

图 12-33　中国台湾1973年发行的牛年邮票［双联］

图 12-34　中国台湾1985年发行的牛年邮票［双联］

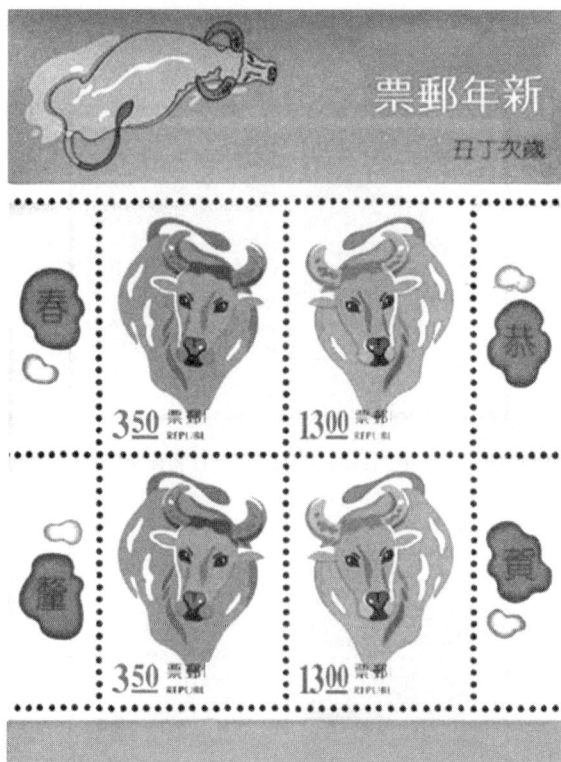

图 12-35　中国台湾 1997 年发行的牛年邮票［四联张］

图 12-36　中国台湾 2009 年发行的牛年邮票［双联］

二、外国（地区）发行的牛年邮票

随着中国传统的生肖文化不断向世界各地传播，其他国家（地区）也开始在中国农历的牛年发行牛生肖邮票。这些邮票有的是以中国传统的牛剪纸为图案，有的是以中国画家的牛绘画为图案，有的是以卡通牛形象或抽象的牛形象为图案，也有的是以当地特有的牛品种为图案。

（一）以中国传统剪纸牛为图案的邮票

图 12-37　巴西 2009 年发行的牛年邮票

图 12-38　秘鲁 2009 年为中国农历牛年发行的邮票

图 12-39　多科劳群岛 2009 年发行的牛年邮票

图 12 - 40　冈比亚 1997 年发行的牛年邮票四联张

图 12 - 41　冈比亚 1997 年发行的牛年邮票小型张

图 12 - 42　古巴 1997 年发行的牛年邮票

图 12 - 43　吉尔吉斯斯坦 1997 年发行
的牛年邮票小型张

图12-44 加纳1997年发行的牛年邮票小型张—牛郎织女

图12-45 加拿大发行的牛年
邮票纪念品

图12-46 马绍尔群岛1997年
发行的牛年邮票

图12-47 美国为农历牛年新春发行的邮票［四联张］

图12-48　帕劳发行的牛年邮票　图12-49　塞拉利昂1997年发行的牛年邮票四联张

图12-50　泰国发行的牛年邮票　图12-51　乌兹别克斯坦1997年发行的
牛年邮票小型张

图12-52　新西兰1997年为参加中国洛阳　图12-53　新西兰2009年发行的
邮票展发行的牛年邮票小型张　牛年邮票小型张

图 12-54　越南 1985 年发行的牛年
邮票—牧童吹笛［双联］

图 12-55　越南 1997 年发行的
牛年邮票［双联］

图 12-56　越南 2009 年发行的牛年邮票小型张

（二）以中国画家的牛绘画为图案的邮票

图 12-57　多哥 1997 年发行的牛年邮票—任伯年绘画三联小型张

图 12-58　多哥 1997 年发行的牛年邮票—任伯年绘画小型张

图 12-59　多米尼加 1997 年发行的牛年邮票—李可染绘画四联小型张

图 12-60　多米尼加 1997 年发行的
　　　　　牛年邮票—李可染绘画
　　　　　小型张

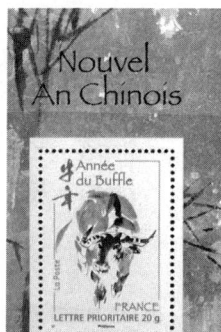

图 12-61　法国发行的牛年
　　　　　邮票小型张

（三）以卡通牛形象或抽象的牛形象为图案的邮票

图 12 - 62 爱尔兰 1997 年发行的牛年邮票小型张

图 12 - 63 澳大利亚 2009 年发行的牛年邮票小型张

图 12 - 64 澳大利亚圣诞岛 1997 年发行的牛年邮票小型张

图 12 - 65　圭亚那 1997 年发行的
牛年邮票四联张

图 12 - 66　圭亚那 1997 年发行的
牛年邮票小型张

图 12 - 67　哈萨克斯坦 1997 年
发行的牛年邮票

图 12 - 68　韩国 1972 年发行的
牛年邮票［双联］

图 12 - 69　韩国 1985 年发行的牛年邮票［双联］

图 12-70 韩国 1997 年发行的牛年邮票［双联］

图 12-71 韩国 2009 年发行的牛年邮票小型张

图 12-72 加拿大发行的农历牛年邮票小型张

图 12-73　蒙古国 1997 年发行的牛年邮票

图 12-74　孟加拉国 2009 年为世界邮票展
发行的牛年邮票

图 12-75　皮特凯恩群岛 1997 年发行的
牛年邮票小型张

图 12-76　日本 1961 年发行的
牛年邮票

图 12-77　日本 1985 年发行的
牛年邮票小型张

图 12 - 78　日本 1997 年发行的牛年邮票小型张

图 12 - 79　日本 2009 年发行的牛年邮票小型张

图 12 - 80　圣文森特 1997 年发行的牛年邮票三联张

图 12 - 81　新加坡 1997 年发行的牛年邮票［双联］

图 12 - 82　新加坡 2009 年发行的牛年邮票小型张

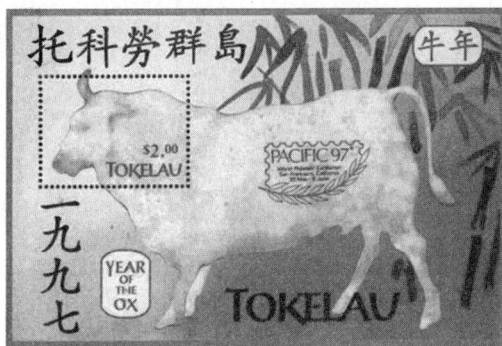

图 12 - 83　托科劳群岛 1997 年发行的牛年邮票

（四）以当地特有的牛品种为图案的邮票

图 12-84　阿富汗 1985 年发行的牛年邮票〔双联〕

图 12-85　巴布亚新几内亚 1997 年为参加香港邮票展发行的牛年邮票小型张

图 12-86　不丹 1997 年发行的牛年邮票小型张

图 12-87　朝鲜 1997 年发行的牛年邮票［四联张］

图 12-88　菲律宾 1997 年发行的牛年邮票四联张

图 12-89　斐济 1997 年为参加香港邮票展发行的牛年邮票小型张

图 12-90 格林纳达 1997 年发行的牛年邮票三联张

图 12-91 古巴 1985 年发行的牛年邮票

图 12-92 密克罗尼西亚 1997 年发行的牛年邮票

图 12 - 93　纳米比亚 1997 年发行的牛年邮票小型张

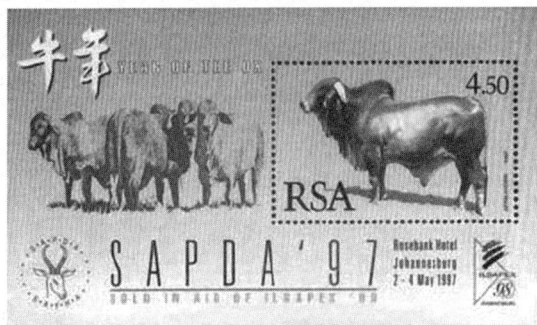

图 12 - 94　南非 1997 年发行的牛年邮票小型张

图 12 - 95　纽埃 1997 年为参加香港邮票展发行的牛年邮票小型张

图 12-96 诺福克 1997 年为参加香港邮票展发行的牛年邮票小型张

图 12-97 土瓦鲁岛 1997 年为参加香港邮票展发行的牛年邮票小型张

图 12-98 乌干达 1997 年发行的牛年邮票四联张

图 12 - 99　乌干达 1997 年发行的牛年邮票小型张

图 12 - 100　新西兰 1997 年发行的牛年邮票

图 12 - 101　匈牙利 1997 年为参加香港邮票展发行的牛年邮票小型张

图 12 - 102　印度尼西亚 2009 年发行的牛年邮票

图 12 - 103　泽西岛 1997 年发行的牛年邮票小型张

第十三章

牛美食文化

一、关于牛肉美食

中国传统饮食习俗与饮食文化博大精深、源远流长，牛肉作为美食充实了中国人的餐桌，强健了中国人的体魄，而与之伴生的牛肉饮食文化则丰富了中国人的精神世界，拉近了人与人之间的距离，沟通了人与人之间的情感。

据史学家考证，中华大地食用牛肉的历史至少有 3 000 年。伴随着牛肉作为食品出现在人们的食谱中，关于牛肉的饮食文化也开始发展与传播。牛肉作为美食，自古就是中国传统饮食的重要内容。牛肉能调理脾胃、补气益血、强筋健骨、降低血糖。经过千百年的传承和演变，至今全国各地保留了丰富多彩的牛肉美食制品和丰富多彩的牛肉美食文化。

早在先秦时期，牛肉便是当时"高大上"的食品，多用于祭祀活动，仅限于贵族食用。在《礼记·王制》中记载："诸侯无故不杀牛，大夫无故不杀羊，士无故不杀犬豕，庶人无故不食珍。"因为牛在农耕时代是最重要的农业生产资料，官府不许民间私自宰牛，正如《礼记》所说，连诸侯都不能轻易杀牛。只有遇到重大的节庆或祭祀活动，才允许宰牛，足见牛肉在当时是何等的珍贵。而节庆或祭祀活动本身，在今天看来就是一种文化活动，因此，牛肉从被人们食用之始，就与文化活动紧密相连。

据文献记载，在商代的养牛业就已非常发达，当时牛主要用于肉食、交通、祭祀和殉葬。从出土文物来看，商代出土了不少牛形、牛纹样的青铜器，譬如祭祀、烹饪用的牛鼎等。商末周初时期的姜子牙，被认为是炎帝的后裔，他就曾在商代首都朝歌开店杀牛卖肉，并兼做牛牙人（交易牛的经纪人）。

到了汉代，牛已经被官府立法保护，汉律有记载："不得屠杀少齿"。汉律对于杀牛的惩罚很严厉，规定"犯禁者诛"。在唐宋时期，牛依然处在禁杀之列，只有自然死亡或病死的牛，才可以被食用。当然，遇到各类祭祀活动时，经官府批准可以杀牛。物以稀为贵，牛肉即便是在古人的肉食排行榜中，也是名列前茅的。在《楚辞》的"大招"和"招魂"篇里，记载了当时的菜单，其中就包括牛肉：八宝饭、煨牛腱子肉、吴越羹汤等。

总之，在历朝历代，牛肉都是食材中的珍品。伴随着牛肉食品的不断丰富，关于牛肉的美食文化也不断地繁荣和发展，牛肉作为食材也被赋予了营养、美味、强健、勇猛等美好寓意。

二、历史悠久的牛美食习俗

（一）全牛宴

全牛宴是指从牛头吃到牛尾、从牛眼吃到牛蹄、从牛肉吃到牛内脏再到牛骨，这样一种饮食习俗。在餐饮中，各地会配以各有特点的佐料，各种部位的餐食也会从色、香、味、型、名、烹、器等序次进行富有创意的编排。整桌宴席全部由"牛"加工而成，再辅以用五谷杂粮精制而成的精美面食，全餐突出一个"牛"字和一个"全"字，并寓意"牛气冲天、五谷丰登"。

全国各地都有举办全牛宴的习俗，其菜品从几十种到上百种不等。比较著名的全牛宴有广东增城的三江全牛宴、福建沙县的夏茂全牛宴、浙江富阳龙门镇全牛宴、杭州的全牛宴流水席、南京的六合全牛宴、河南禹州全牛宴、青岛全牛宴火锅、重庆丰都全牛宴、成都生态全牛宴、贵州平坝全牛宴等。

（二）丞相牛肉

"丞相牛肉"原是河南省的传统特产，始于汉代。据传说，汉左丞相家居河南，幼年体弱，其父医术高明，便组百草方佐味烹煮牛肉，结果牛肉不仅能强健身体，而且还味道绝佳。他因为经常食用这种牛肉，才得以体健智聪。长大以后，他辅佐汉高祖刘邦挫败群雄，夺取天下，建立了汉朝，并官居丞相之位。后来他又同周勃一起挫败了吕氏篡权，重兴汉室大业，开创了文景之治。在汉文帝刘恒设宴百官群臣庆功之时，丞相献出"百草牛肉方"用来烹制牛肉，汉文帝食后称赞曰："丞相牛肉味美也！"。由此，用这种配方烹制的牛肉就被人称作"丞相牛肉"。

后来，"丞相牛肉"一直作为朝廷贡品流传下来。"丞相牛肉"曾经盛于唐宋时期，但至清代逐渐失传。为了恢复中原美食文化中这一传统牛肉名品，河南农业大学的专家查找了许多古书和有关地方志，并搜集散失资料，走访考察民间传说，挖掘中原美食文化遗产，并与中药中医专家协作，采用现代肉品加工先进技术，研制出了新的"丞相牛肉"产品。今天的"丞相牛肉"风味别具一格，鲜香诱人，鲜嫩可口，由于加工所用的调味品全是中草药，因而具有促进生长、益脑增智、养胃健脾、延年益寿的保健作用。

（三）掏牛锅

浙江富阳的龙门镇有一种传统美食，叫做"掏牛锅"。掏牛锅就是把牛肉、牛骨、牛尾、牛头、牛杂、牛内脏等一起放在一口大铁锅里煮，再加上米酒、香料、盐巴等。等煮熟以后，就叫来亲朋好友，一起在大铁锅里掏着吃，由此就称为"掏牛锅"。龙门镇位于富春江畔，当地的老黄牛整日爬山耕地，其肉质细腻结实，美味异常。

相传，三国时期的吴王孙权从小就很喜欢吃牛肉。在公元 229 年，孙权称帝，迁都建业（现南京）。吴王举办家宴时，对大臣们说："我很喜欢吃家乡的牛肉，已多年未吃了。"后就传旨富春县令为其采办家乡牛肉。富春县令接旨后，将此事交给了富春孙氏。富春孙氏高兴地三日内完成了牛肉采办，并由县令当即派出快马送到建业。然后富春孙氏就把剩下的牛骨与牛内脏放在大铁锅内，再加入料酒、盐、香料等，慢慢煮熟以后，叫来亲朋好友掏着吃，大铁锅里的牛骨和牛杂味道也十分鲜美。此后，这一做法流传开来，当地的老百姓就形象地称其为"掏牛锅"。

"掏牛锅"这一习俗由此而来，并且流传至今。近年来，富阳龙门镇连续多年在民俗风情节期间，推出了"掏牛锅"活动，前来品尝的游客络绎不绝。

（四）香酥牛肉饼

香酥牛肉饼是以牛肉为主要食材，鸡蛋和面粉为辅佐食材制成的一道陕西美食。制作香酥牛肉饼的主料有肥瘦牛肉、高筋面粉，辅料有油、盐、五香粉、花椒粉、大葱等。

据传说，香酥牛肉饼起源于唐代。相传唐太宗李世民某日在长安城内微服私访，行至一闹市小巷，见一小铺前人头攒动，男女老幼蜿蜒排队竟有百十人之众，还不时有三三两两的行人从身边走过，手中都提着金黄色的面饼。阵阵异香扑鼻而来，李世民上前询问，原来众人是在购买一种名为牛肉饼的小食。于是李世民屈尊随众人排队一探究竟，终于排队买到两个牛肉饼。他顾不得饼热烫嘴，忙把一个塞入口中，只觉得表皮酥脆碰牙即碎，饼内却柔嫩异常，油面皮香味加上麻麻的葱花牛肉，把唐太宗吃得眉开眼笑。待一个吃完，这才定下神来看手中的第二个，只见其圆如满月，色似金琼，饼中螺旋纹优美如涟漪，心中直叹"真乃尤物也"。

香酥牛肉饼起源于唐代，距今已经有一千多年的历史。此饼曾为宫廷御点，后流传到民间。唐代著名诗人白居易在《寄胡麻饼与杨万州》一诗中写道："胡麻饼样学京都，面脆油香新出炉。寄与饥馋杨大使，尝香得似辅兴无。"据考证，诗中的"胡麻饼"指的就是"香酥牛肉饼"。

后来，人们在继承传统配方和制作工艺的基础上，又进行了新的改进，并赋予了香酥牛肉饼崭新的品牌形象。现今的香酥牛肉饼，风味独特、营养丰富、鲜香肉嫩、面脆油香，外形玲珑剔透，入口油而不腻。

（五）通川灯影牛肉

通川灯影牛肉是四川省达州市通川区的传统名食。它是精选宣汉黄牛后腿腱子肉切片，以手工制作，其色泽红亮、麻辣鲜脆、香脆可口、片薄化渣、风味独特。通川灯影牛肉的肉片之薄，薄到在灯光下可透出物象，就如同皮影戏中的幕布一般，故人们称之为"灯影牛肉"。

相传在唐乾符二年（875），大诗人元稹在四川通州（今四川达州）任司马。一天傍晚，他在途经通州落花溪一乡间酒店饮酒时，店家以烤制极薄的牛肉香脆片奉之。元稹见此牛肉片体薄张大，透明如纸，捧于灯前，灯影清晰可见，便颇为赞叹。再入口，牛肉麻辣香脆，余味无穷。元稹借物生情，联想起当时京城长安城里流行的灯影戏，便脱口而出，称赞这薄薄的牛肉片"若影戏然"。

另有一传说，是在清光绪二十二年（1896），达州人刘仲贵以经营烧腊、卤肉为业。最初，他制作的五香牛肉片厚肉硬，吃时难嚼，且易塞牙，销路不畅，因而生意很清淡。后来，刘氏结合民间配方，对牛肉逐步加以改进，终于研制出了一种新的牛肉片制作方法，其做出的牛肉片很薄、色鲜、味美、酥脆，便起名为"灯影牛肉"。同时，刘仲贵又将牛肉片用细绳一张张串起，挂在店前，以此招揽生意。往来的客商见了这样的牛肉，甚觉稀奇，便会取一片品尝。品尝过香酥可口、味美化渣的牛肉，他们自然也会买上一些，刘仲贵的生意因此而兴隆起来。

到了 20 世纪 50 年代，达州城区已有 4 家大型的灯影牛肉厂，在 1958 年这 4 家灯影牛肉厂合并为国营达县灯影牛肉厂。出于对配方和做工保密的需要，每个进入工厂的工人都要有一个编号，每个工人只能制作其中的一个环节。到了 20 世纪 80 年代中期，灯影牛肉厂达到鼎盛时期，那时工人达上千人。

在 20 世纪 90 年代中期，由于多年保密的加工技艺泄露，导致当地灯影牛肉工厂遍地开花，这极大地冲击了正宗的达县灯影牛肉厂的生意。而大多数新开办的工厂，摈弃了传统的手工技艺，采用机械生产，其产品在色香味上远不及传统手工制作的产品。另外，为了降低经营成本，在牛肉选用、配料选用上，也不再保持传统，结果使产品质量严重下降，其产品市场也越来越小。曾经享誉全国的通川灯影牛肉，走到了濒临消失的边缘。

为了保护和发展这一传统牛肉食品，2007 年"灯影牛肉传统加工技艺"被列入第一批四川省非物质文化遗产名录，2015 年国家质检总局批准了"通川灯影牛肉"为地理标志保护产品，并制定了"通川灯影牛肉"的质量技术标准。

现在，"通川灯影牛肉"又恢复了色泽红亮、麻辣干香、片薄透明、味鲜适口、回味甘美的特点。随着人们生活水平的不断提高，再加上牛肉本身具有高蛋白、低脂肪、能补脾益气、益五脏、养精血、强筋骨的特点，"通川灯影牛肉"作为地理标志保护产品又迎来了新的发展机遇。

（六）兰州牛肉拉面

兰州牛肉拉面，又称兰州清汤牛肉拉面，是著名的西北特色食品，也是"中国十大面条"之一，是甘肃省兰州地区的著名风味小吃。它以"汤镜者清，肉烂者香，面细者精"的独特风味，和"一清、二白、三红、四绿、五黄"，即汤清（一清）、萝卜白（二白）、辣椒油红（三红）、香菜蒜苗绿（四绿）、面条黄亮（五黄），赢得了全国各地食客们的好评。兰州牛肉拉面还被中国烹饪协会评选为三大中式快餐之一，并获得了"中华第一面"的美誉。

据史料记载，兰州牛肉拉面起源于我国的唐代，至今已有一千多年的历史。但在当时，由于其工序复杂、用料繁多，因而一直是富贵人家享用的食物，未能成为普通百姓的大众食品。直到清代初期，兰州才有了第一家牛肉拉面馆。在清朝的史料记载上，兰州清汤拉面的创始人是陈维精，他也是清朝嘉庆年间国子监太学生。

近代以来，兰州牛肉拉面以马保子创办的"热锅子面"最为著名。马保子家境贫寒，最初为了生计所迫，他在家里制成了热锅面，挑担走街串巷沿街叫卖。后来，他又把煮过牛、羊肝的汤兑入牛肉面，其香味扑鼻，因而百姓人家都喜欢吃他的牛肉面。随着生意越做越好，他就顺势开了自己的面店，并以"进店一碗汤"的免费喝汤方式，吸引客人们走进店里来。那时，只要有人进店，店伙计就马上端上一碗热腾腾、香喷喷的牛肉汤请客人喝。据考证，"热锅子面"是在1915年始办的，后来马保子的清汤牛肉面名气大振，并获得了"闻香下马，知味停车"的称誉。

经过后人的传承和改进，现今的兰州牛肉拉面以"一清、二白、三红、四绿、五黄"统一了兰州牛肉面的制作标准。其制作的五大步骤包括选料、和面、饧面、溜条、拉面，每一个步骤都巧妙地运用面筋蛋白质的延伸性和弹性，这使得兰州牛肉拉面成为兰州乃至全国最具特色的大众化食品。

（七）水煮牛肉

相传在北宋时期，在四川盐都自贡一带，人们在盐井上安装辘轳，以牛为动力提取卤水。一头壮牛服役，多者半年，少者三月，就已筋疲力尽。故当地时常有役牛淘汰，而当地用盐又极为方便，于是盐工们便将牛宰杀，取肉切片，放在盐水中加花椒、辣椒煮食，其肉嫩味鲜，因此得以广泛流传，并成为当地民间一道传统名菜。

后来，菜馆厨师又对"水煮牛肉"的用料和制法进行了改进，水煮牛肉中的牛肉片，不是用油炒的，而是在辣味汤中烫熟的，故名"水煮牛肉"。水煮牛肉色深味厚，香味浓烈，肉片鲜嫩，突出体现了川菜麻、辣、烫的风味。

现今的水煮牛肉，已经不是简单的盐水加花椒了，而是将牛肉切成一寸五分长、八分宽、一分厚的薄片，盛在碗里，加精盐、酱油、醪糟汁、湿淀粉拌匀。油锅中放入郫县豆瓣、干辣椒炒成棕黄色，下花椒、葱段、莴笋片炒香，再加肉汤烧开，将牛肉片下锅，煮至肉片伸展，外表发亮，盛入碗中，淋上辣椒油，即可食用。这道菜的特点是麻辣味厚，滑嫩适口，具有火锅的风味。

（八）淮南牛肉汤

淮南牛肉汤，是徽菜沿淮片区的代表品种之一，是苏北豫鲁皖一带家喻户晓的名小吃。淮南牛肉汤具有鲜醇、清爽、浓香的特色，并有咸汤、甜汤之分。咸的牛肉汤肉肥汤鲜，特别是加上葱段后，滋味更鲜。甜牛肉汤，是指没加盐的牛肉汤，或者加少量盐的牛肉汤，其味清爽，滋味醇厚。

关于淮南牛肉汤的起源有两种说法。一种是淮南王刘安说。汉文帝十六年（164），刘安被册封为淮南王。相传，王府御厨刘道厨艺高超，刘府上下均称其"老刘头"。淮南王于八公山上炼制仙丹，因此每日都需家人去山上送餐。可每当佳肴送到山上时，早已凉而无味。老刘头看到淮南王凉膳充饥，日渐消瘦，不禁冥思苦想，终出一策。于是，老刘头率众家丁杀牛取骨，甄选草药及卤料熬制成汤汁，并备好牛肉、粉丝等配菜与汤汁一同担上山去。由于油覆汤表，久热不散。淮南王尝后赞不绝口，从此牛肉汤便成为刘府秘膳，后流入民间，代代相传。

另一种是宋代赵匡胤说。据传，五代十国时期，赵匡胤据兵于八公山，攻打寿春（今寿县），寿春守将刘仁瞻军纪严明，守城如命，尽管赵部顽强作战，仍屡攻不下，久之，在八公山既无救兵又无粮草，赵匡胤反被兵困南塘。由于赵匡胤军纪严明，不骚扰百姓，因而深受百姓的爱戴。当地的老百姓看到他兵困南塘，也为他着急，于是大家就商量着把自家的耕牛宰杀掉，煮成大锅汤，送进赵营。赵匡胤的官兵喝了牛肉汤，士气大振，一鼓作气攻破了寿春城。后周显德六年（959），陈桥兵变，赵匡胤登基，他始终忘不了南塘的那碗牛肉汤。由此，当地民间就称牛肉汤为"神汤""救驾汤"。

现今的淮南牛肉汤，以江淮一带的黄牛为原料，以牛肉和牛骨一起熬汤，同时还选用几十种滋补药材及卤料为配方，不仅鲜醇、清爽、浓香，而且高营养、高热能、低糖、低脂肪。在冬季饮用可抵御寒冷，在夏季饮用则是大汗淋漓，排毒去暑。

（九）牛肉锅贴

牛肉锅贴是著名的南京小吃，形状似饺子，但比饺子略细长一些。这种小吃上部柔嫩，底部酥脆，牛肉馅味道鲜美，别具一番风味。牛肉锅贴的做法有很多种，南京大街小巷的每家店做出的牛肉锅贴味道几乎都不相同。

相传，在北宋建隆（赵匡胤的年号）三年正月初一，因皇太后丧事刚办完，宋太祖不思茶饭，独自在院中散步。忽然一股香气飘来，他顿感心旷神怡，便寻着香气走到了御膳房。只见御厨正将没煮完的剩饺子，放在铁锅内煎熟。御厨突见皇帝亲临，大气都不敢出一声。由于宋太祖多日没有进补，此时的香味勾起了他的食欲，便品尝起煎饺子来。这煎饺子真是焦脆软香，甚是可口。而后，他便追问御厨这小食的名称，御厨一时答不上来，宋太祖看了看是用铁锅在煎饺子，就随口以"锅贴"命名之。

后来，这道锅贴小食便从宫中传到了民间，又传到了全国。经历过几朝几代，最终金陵的厨师们使之不断改进，才形成了今天著名的南京牛肉锅贴。

（十）"火边子"牛肉

四川的自贡为井盐之都，而食盐又被称为"百味之祖"。因此，自贡的盐帮菜也就成为"美食之族"。在川味小吃中，川南地区的自贡小吃，在口味及制作上与别处有所不同，并且极富地方特色。

自贡的"火边子"牛肉是自贡小吃中的一绝。说到盐帮菜，就不能不提到牛。早在战国时期，自贡就开始用人力凿井取卤制盐。因为人力采卤非常困难，到了南宋宝祐元年，聪明的自贡人发明了用牛推车代替人工采卤的技术。随着盐业的不断发展，古盐场的牛数量与日俱增，淘汰的老牛也越来越多。如果将老牛全部吃完，煎、炒、烩、煮其味平平，量多难存。后来，有一位精明的庖厨，取其精肉切片如纸并陈于筲箕，文火烤之烘干便于储存，味道也很鲜美，被人们称为"火边子"牛肉。"火边子"牛肉以质优味美、片薄如纸、酥香绵长而闻名。其选料严格，刀工精细、工艺考究、风味独特、绵香生津，令人回味悠长。

三、现代牛美食名录

在中国，牛肉是仅次于猪肉、禽肉的第三大肉食品。从现代营养学的角度来看，牛肉蛋白质的含量高、脂肪含量低、氨基酸含量均衡、维生素和矿物质含量丰富，营养成分易于被人体吸收，对于人体生长发育和提高人体免疫力都十分有益。目前，中国每年消费牛肉约 1 000 万吨，主要是以冰鲜肉、冷冻肉、加工半成品、加工熟食品和餐饮机构菜品等形式来消费。

中国传统中医认为，牛肉对人有不可多得的补益作用。据《韩氏医通》记载："黄牛肉补气，与黄芪同功。"另据《医林纂要》记载："牛肉味甘，专补脾土。脾胃者，后天气血之本，补此则无不补矣。"简言之，就是说牛肉能"补脾胃、益气血、强筋骨"。此外，在著名的医书《本草纲目》中，还提出水牛肉对治疗"消渴症"（即糖尿病）有很好的效果。所以，血糖高或是患有糖尿病的人，不妨多吃一些水牛肉。总之，黄牛肉或水牛肉对于"中气不足、气血两亏、体虚久病"的人和患有糖尿病的人来说，都是最适宜的健康美食。

中国科学技术出版社 2003 年出版的李慧文编写的《牛肉制品 737 例》，是我国迄今为止关于牛美食编纂最全、收集菜品最多的一部作品，这部作品也可以被称为"现代牛美食名录"。在《牛肉制品 737 例》中，还详尽的介绍了每一种菜品的具体制作方法。

（一）牛肉蒸熏腊制品类

表 13-1 牛肉蒸熏腊制品类

序号	菜品名称	序号	菜品名称
	蒸制品	14	龙眼牛头（四川）
1	粉蒸牛肉（豆瓣酱味）	15	云腿扒牛头
2	粉蒸牛肉（五香味）	16	香荷仔盖
3	金橘粉蒸牛肉		熏制品
4	小笼牛肉（荷叶托底）	1	熏牛肉
5	小笼蒸牛肉（四川成都）	2	五香熏牛肉
6	治德号蒸牛肉（四川成都）	3	樟茶熏牛柳（香港）
7	南糟牛肉条	4	马癫子干牛肉（熏制）
8	小笼粉蒸牛肉片		腊制品
9	盐水牛肉（咸味清香型）	1	广州腊牛肉
10	盐水牛肉（软嫩爽口型）	2	长沙腊牛肉
11	大伞牛肉（四川彭州）	3	陕西五香腊牛肉
12	大鞭子牛肉	4	红辣腊牛肉
13	硝牛腱（北京）		

（二）牛肉煮焖制品类

表 13 - 2　牛肉煮焖制品类

序号	菜品名称	序号	菜品名称
	煮制品	29	小牛头汤
1	水煮牛肉（麻辣味）	30	番茄牛尾汤
2	水煮牛肉（辣椒、豆瓣酱味）	31	什锦牛尾汤
3	盐水牛肉	32	冻牛肉
4	白牛肉	33	冻牛脯
5	白切牛肉（辣椒酱味）	34	茄汁牛尾冻
6	白切牛肉（香菜、大料味）	35	补气牛肉胶冻
7	平遥熟牛肉（山西）	36	补血黄牛肉胶
8	煮酸菜牛肉		焖制品
9	双红牛肉	1	红焖牛肉
10	壮牛肉冷片（云南）	2	黄焖牛肉
11	星临轩凉拌牛肉（重庆）	3	蔬菜焖牛肉
12	小茴香牛肉块	4	青椒焖牛肉
13	干拌牛肉条	5	红焖茄子牛肉
14	芹菜拌牛肉丝	6	番茄焖牛肉
15	洋葱拌牛肉丝	7	西红柿黄焖牛肉
16	牛尾豆茄	8	丁香焖牛肉
17	沙茶牛肉炉（福建厦门）	9	奶油焖小牛肉
18	沙茶涮牛肉	10	啤酒扁豆焖牛肉
19	米酒涮牛肉（福建连城）	11	啤酒洋葱焖牛肉
20	醋锅涮牛肉	12	玉米胡萝卜焖牛肉
21	牛肉火锅	13	玉米洋葱焖牛肉
22	牛肉火锅（咖喱味）	14	甜酸牛肉
23	火锅牛尾（广东）	15	焖甜酸牛肉
24	小碗红汤牛肉	16	糖醋牛肉
25	牛肉清汤	17	俄式罐焖牛肉（天津）
26	茄汁牛肉汤	18	焖罐牛肉
27	咖喱牛肉汤（上海）	19	焖罐牛肉（胡椒粉、辣椒酱）
28	牛肉素菜汤	20	酥牛肉（浙江杭州）

（续）

序号	菜品名称	序号	菜品名称
21	奶汁牛里脊肉	28	焖牛肉扒
22	冷盘陈皮牛肉	29	焖丁香牛排
23	家制陈皮牛肉	30	焖牛肉配面片
24	酸辣咖喱牛肉	31	青菜牛肉配面片
25	青椒咖喱牛肉片	32	豌豆牛肉
26	凤虾牛头	33	红焖牛腩
27	红参爆牛头肉	34	柱侯酱焖牛腩

（三）牛肉煨炖烩制品类

表 13 - 3　牛肉煨炖烩制品类

序号	菜品名称	序号	菜品名称
	煨制品	4	清炖牛肉（葱姜蒜）
1	煨牛肉（豆瓣酱、辣椒糊）	5	清炖牛肉（茴香、花椒）
2	煨牛肉（酱油、鸡汤）	6	清炖牛肉（白萝卜）
3	煨牛肉（葱姜蒜）	7	清炖牛肉（胡椒、桂皮）
4	煨牛肉（牛窝骨筋）	8	土豆炖牛肉
5	煨牛肉（北京聚宝源）	9	核桃炖牛肉
6	黄煨牛肉	10	冬瓜炖牛肉
7	红煨牛肉（五香味）	11	番茄炖小牛肉
8	红煨牛肉（葱姜蒜）	12	砂仁炖牛肉
9	红煨牛尾	13	仙茅炖牛肉
10	栗子煨牛肉	14	枸杞子炖牛肉
11	煨烧牛肉	15	枸杞子炖牛肉（胡萝卜、马铃薯）
12	火柿牛肉	16	山药炖牛肉
	炖制品	17	知母炖牛肉条
1	炖牛肉（牛肋板肉）	18	香辣牛肉
2	炖牛肉（葱姜蒜、辣椒）	19	铁扒巴德好司牛排
3	炖牛腩	20	砂锅牛肉（北京）

(续)

序号	菜品名称	序号	菜品名称
21	砂锅牛肉（天津）	4	红烩牛肉（洋葱、酸黄瓜）
22	砂锅炖牛肉（甘肃兰州）	5	啤酒烩牛肉
23	砂锅炖牛脯（河南长垣）	6	啤酒烩牛肉（洋葱、甘笋）
24	砂锅牛腱肉	7	葡萄酒烩牛肉
25	清炖牛尾	8	椰汁烩牛肉
26	清炖牛肉汤	9	酸菜烩牛肉
27	清炖牛尾汤	10	酸花椰菜烩牛肉
	烩制品	11	桃花烩牛肉
1	烩牛肉	12	杂烩牛肉
2	番茄烩牛肉	13	红烩牛尾
3	红烩牛肉	14	红烩牛尾（洋葱、番茄）

（四）牛肉烧制品类

表 13 - 4　牛肉烧制品类

序号	菜品名称	序号	菜品名称
1	烧牛肉	13	红烧舌尾
2	烧牛肉（五香、胡椒味）	14	天麻烧牛尾
3	烧牛脯	15	红烧牛鞭
4	烧牛头	16	红烧牛鞭（葱姜蒜、鸡汤）
5	红烧牛肉	17	菊花牛鞭
6	红烧牛肉（白萝卜、豆瓣酱）	18	白烧牛肉
7	红烧牛肉（香菇、冬笋）	19	扣烧牛肉
8	红烧牛肉（八角、黑胡椒）	20	辣烧牛肉
9	红烧牛脯	21	辣味烧牛肉
10	红烧牛尾	22	萝卜烧牛肉
11	红烧牛尾（胡萝卜、土豆）	23	鸡腿蘑烧牛肉
12	红烧牛尾（花椒、干辣椒）	24	土豆烧牛肉

（续）

序号	菜品名称	序号	菜品名称
25	苹果烧牛肉	42	茶香牛肉
26	板栗烧牛肉	43	五香牛肉
27	板栗烧牛肉（豆豉味）	44	五香牛肉（白糖、香葱）
28	熟地烧牛肉	45	椰奶五香牛肉
29	京葱烧牛肉	46	素鸡茶叶蛋五香牛肉（江苏常州）
30	覆盆子烧牛肉块	47	咖喱烧牛肉
31	党参烧牛肉	48	咖喱烧牛肉（土豆、鸡汤）
32	南烧牛肉（河南）	49	水晶牛肉
33	蚝油牛肉	50	贵妃牛肉
34	蚝油牛肉（青椒、笋片）	51	麻辣牛柳
35	家常牛肉	52	家制牦牛肉
36	橘皮牛肉	53	牦牛肉条
37	陈皮烧牛肉	54	排牛肉条
38	陈皮牛肉（花椒粉、辣椒面）	55	扒牛肉条
39	陈皮牛肉（白糖、酒酿）	56	芝麻牛肉条
40	柱侯豆腐牛肉	57	番茄牛尾
41	麻辣烧牛肉	58	蒜子牛尾

（五）牛肉酱卤制品类

表 13-5　牛肉酱卤制品类

序号	菜品名称	序号	菜品名称
	酱制品	8	酱牛肉（山东）
1	酱牛肉	9	酱牛肉（内蒙古）
2	酱牛肉（五香味）	10	酱味牛肉
3	酱牛肉（白糖、香葱）	11	五香牛肉
4	酱牛肉（桂皮、茴香）	12	五香牛肉（牛腱肉）
5	酱牛肉（黄酱）	13	五香酱牛肉
6	酱牛肉（料酒、红曲）	14	五香酱牛肉（甜面酱）
7	酱牛肉（河南）	15	五香酱牛肉（芹菜、茴香）

（续）

序号	菜品名称	序号	菜品名称
16	五香酱牛肉（牛腱肉）		卤制品
17	周口五香酱牛肉（河南）	1	卤牛肉
18	开封五香酱牛肉（河南）	2	卤牛肉（玫瑰酒或高粱酒）
19	山东五香酱牛肉	3	卤牛肉（花椒粉、辣椒面）
20	北京酱牛肉	4	卤牛肉（胡椒）
21	天津酱牛肉	5	卤牛肉（红卤）
22	月盛斋酱牛肉（北京）	6	卤牛肉（牛腱肉）
23	天津月盛斋酱牛肉	7	卤牛肉（广州）
24	北京复顺斋酱牛肉	8	红卤牛肉
25	呼和浩特万胜勇酱牛肉	9	白卤牛肉
26	天津南味酱牛肉	10	家制卤牛肉
27	天津清真酱牛肉	11	五香卤牛肉
28	家制酱汁牛肉	12	南阳五香卤牛肉（河南）
29	酱牛腱	13	观音堂牛肉（河南陕州）
30	酱牛腱子	14	汾酒牛肉
31	南酱腱子（吉林长春）	15	陈皮卤牛肉
32	酱牛羊腱子（北京）	16	周口咖喱牛肉（河南）
33	酱牛尾	17	德阳马昌恒牛肉（四川）
		18	同心生结脯（仿唐）

（六）牛肉煎炒制品类

表 13-6　牛肉煎炒制品类

序号	菜品名称	序号	菜品名称
	煎制品	4	煎金钱牛柳
1	煎牛里脊片	5	煎牛羊串
2	玉竹煎烹牛里脊	6	芥末小牛肉
3	凤凰鸡煎牛里脊	7	干煎牛排

（续）

序号	菜品名称	序号	菜品名称
8	清煎小牛排	15	番茄牛肉（煮熟牛肉回锅）
9	清煎沙浪牛排	16	凉瓜牛肉
10	煎角尖牛排	17	茄瓜牛肉
11	慈禧式煎小块牛排	18	陈皮牛肉
12	煎面包渣小牛排	19	桂花牛肉
13	森林式煎排骨牛仔排	20	滑蛋牛肉
14	煎排腰部牛仔排	21	豆豉牛肉
15	洋葱牛排	22	唧汁牛肉
16	黑椒牛排	23	家常牛肉
17	带里脊肉厚牛排	24	京葱铁板牛柳
18	芥末牛排	25	茭白爆牛肉
19	煎牛扒	26	玻璃牛肉
20	牛肉扒	27	滑熘牛里脊
21	煎牛里脊扒	28	油爆牛腿
22	鸡蛋里脊扒	29	鲜香牛肉条
23	菠萝煎牛肉扒	30	红辣牛肉片
24	扒里脊	31	茄汁牛肉片
25	铁扒里脊	32	子姜牛肉片
	炒制品	33	苹果牛肉片
1	小炒牛肉	34	滑熘牛肉片
2	时菜炒牛肉	35	滑炒牛肉片
3	野葱炒牛肉	36	家乡牛肉片
4	咸菜炒牛肉	37	茭瓜牛肉片
5	沙茶炒牛肉	38	芹黄嫩牛肉丝
6	木耳炒牛肉	39	香炒牛肉丝
7	辣白牛肉	40	干煸牛肉丝
8	蚝油炒牛肉	41	干煸牛肉丝（豆瓣辣酱）
9	茄汁牛肉	42	干煸牛肉丝（郫县豆瓣）
10	青椒炒牛肉	43	干煸牛肉丝（甜面酱）
11	嫩姜牛肉	44	干煸牛肉丝（辣椒粉、花椒粉）
12	子姜牛肉	45	野鸡红炒牛肉丝
13	洋葱牛肉	46	鱼香牛肉丝
14	番茄牛肉		

（七）牛肉烤制品类

表 13－7　牛肉烤制品类

序号	菜品名称	序号	菜品名称
1	烤牛肉	25	冷烤牛外脊
2	烤牛肉（胡萝卜、酸白菜）	26	黑椒牛里脊
3	烤牛肉（朝鲜族）	27	朱砂牛里脊
4	烤牛肉（洋葱、芹菜）	28	碳烤牛肉条
5	烤牛肉（酸奶酪、柠檬汁）	29	烤牛仔肉片
6	烤牛肉（土豆条、胡椒粉）	30	烤鲜辣牛肉片
7	朝鲜烤牛肉	31	奶汁烤里脊
8	烤小牛肉	32	烤牛肉串
9	烤小牛肉和猪肉	33	烤牛肉串（红葡萄酒、胡椒粉）
10	五香烤牛肉（四川南充）	34	烤牛肉串（洋葱、土豆条）
11	烤肉宛烤牛羊肉（北京）	35	碳烤牛肉串
12	冷烤牛肉	36	沙茶牛肉串
13	烤蚝油牛肉	37	碳烤牛里脊串
14	焗酸牛肉	38	西汁牛柳串
15	焗咖喱牛肉	39	煎烤牛扒
16	奶酪小牛肉	40	烤牛肉扒（洋葱、番茄、面粉）
17	茄汁挂炉牛肉	41	烤牛排
18	沙嗲牛肉	42	烤牛排（洋葱、红葡萄酒）
19	腰子牛肉	43	姜烤肉排
20	火鞭牛肉	44	中式牛排
21	自贡火边子牛肉	45	铁扒牛排
22	金钱牛柳	46	铁扒沙浪牛排
23	烤牛里脊	47	铁扒尖角牛排
24	烤牛外脊		

（八）牛肉炸制品类

表 13 - 8　牛肉炸制品类

序号	菜品名称	序号	菜品名称
1	炸牛肉	24	麻辣牛肉
2	爆炸牛肉	25	三椒牛肉
3	酥炸牛肉	26	脆皮牛肉
4	酥炸牛肉（洋葱、芹菜）	27	柱侯牛肉
5	焦炸牛肉	28	麻辣草果金钩味牛肉（德阳）
6	裹炸牛肉	29	炸五香牛脊
7	郑州卤炸牛肉	30	古老牛肉条
8	酥牛肉	31	炸牛肉片
9	香酥牛肉	32	炸牛肉干
10	玻璃牛肉	33	吉列炸里脊片
11	红灯笼软酥牛肉（四川）	34	柠檬牛肉串
12	白灯笼麻辣牛肉（四川）	35	芦笋牛肉卷（台湾）
13	灯影牛肉	36	炸牛排（牛里脊）
14	灯影牛肉（四川达州）	37	炸牛排（牛腿肉）
15	家制灯影牛肉	38	香炸牛排
16	锅烧牛肉	39	炸小牛排（胡萝卜、菜花）
17	锅烧牛肉（肋条肉）	40	炸小牛排（土豆、番茄）
18	郑州烧牛肉（煮半熟，再炸制）	41	芝麻牛排（芝麻、胡椒）
19	曹县烧牛肉（煮熟，再炸制）	42	芝麻牛排（葱段、姜片）
20	振升德烧牛肉（天津）	43	花生牛排
21	油泡小牛肉	44	桃仁牛排
22	油泡小牛肉（鸡蛋、淀粉）	45	酸甜牛排
23	麻仁牛肉		

（九）脱水牛肉制品类

表 13 - 9　脱水牛肉制品类

序号	菜品名称	序号	菜品名称
	牛肉干	32	五香辣味牛肉干
1	牛肉干（五香）	33	五香辣味牛肉干（江苏）
2	牛肉干（咖喱）	34	橘味牛肉干（河南安阳）
3	牛肉干（果汁）	35	江苏五香牛肉片
4	牛肉干（麻辣）	36	咖喱牛肉干
5	牛肉干（蚝油）	37	上海咖喱牛肉干
6	山东牛肉干（济南）	38	灯影牛肉干（四川达州）
7	郑州牛肉干（河南）	39	新式牛肉干
8	开封牛肉干（河南）	40	果汁牛肉片（江苏靖江）
9	江苏牛肉干	41	靖江五香牛肉粒（江苏）
10	靖江牛肉干（江苏）	42	新乡牛肉粒（河南）
11	西乡牛肉干（陕西）	43	广州麻辣牛肉粒
12	酱牛肉干	44	干牛肉
13	甜牛肉干	45	保宁干牛肉（四川）
14	香油牛肉干	46	牛干巴
15	果汁牛肉干		牛肉脯
16	天津果汁牛肉干	1	牛肉脯
17	芝麻牛肉干（辽宁）	2	天津牛肉脯
18	味素牛肉干	3	靖江牛肉脯（江苏）
19	唧汁牛肉干	4	汕头牛肉脯（广东）
20	红果牛肉干	5	片状牛肉脯
21	石码牛肉干	6	辣椒牛肉脯（广州）
22	五香牛肉干	7	白果牛肉脯（北京）
23	五香牛肉干（白芷、干草）	8	六味牛肉脯
24	五香牛肉干（白酒、甘草粉）	9	安庆五香牛肉脯（安徽）
25	五香牛肉干（黑龙江）	10	六合牛脯（江苏）
26	哈尔滨五香牛肉干		牛肉松
27	长沙五香牛肉干	1	牛肉松
28	川味五香牛肉干	2	牛肉松（白糖、红曲）
29	麻辣牛肉干（北京）	3	牛肉松（白糖、绍兴酒）
30	天津辣味牛肉干	4	平都牛肉松（四川）
31	山东辣味牛肉干（济南）	5	颗粒牛肉松（黑龙江）

（十）牛蹄筋制品类

表 13 - 10　牛蹄筋制品类

序号	菜品名称	序号	菜品名称
1	红烧牛筋	14	烧牛蹄筋
2	扒烧牛筋	15	红烧牛蹄筋（冬菇、冬笋）
3	补骨脂烧牛筋	16	红烧牛蹄筋（牛膝、鸡肉）
4	枸杞烧牛筋	17	甘肃回族烧牛蹄筋
5	蒜头牛筋	18	红焖牛蹄筋
6	焖焗茄汁牛筋	19	火腿炖牛蹄筋
7	鸡汁牛筋	20	酱牛蹄筋
8	家常臊子牛筋	21	鸡汁牛蹄筋
9	沙嗲牛仔筋	22	三鲜牛蹄筋
10	红烧蹄筋	23	虾子牛蹄筋
11	红烧牛蹄筋	24	酸辣牛蹄筋
12	牛膝蹄筋	25	牛蹄花
13	清蒸牛蹄筋（青海）	26	水晶牛蹄花

（十一）牛内脏杂碎制品

表 13 - 11　牛内脏杂碎制品

序号	菜品名称	序号	菜品名称
	牛杂碎		牛心
1	卤杂碎	1	红烩牛心
2	清焖牛杂（湖南）	2	酱牛心（天津）
3	天津熏牛羊杂碎	3	卤牛心（广州）
4	天津五香酱牛羊杂碎	4	广州腊牛心（广东）
5	铁锅杂拌（朝鲜族）	5	熘牛心花
6	夫妻肺片（四川成都）		牛肝
7	毛肚火锅	1	五香牛肝
8	桥头火锅（重庆）	2	鱼香牛肝
9	连城涮九门头（福建）	3	葱汁牛肝

（续）

序号	菜品名称	序号	菜品名称
4	苹葱牛肝	17	黄芪炖牛肚
5	椰汁牛肝	18	酱牛肚
6	家常牛肝	19	本溪熏牛肚（辽宁）
7	红酒焖穿膘牛肝	20	炒芙蓉牛肚
8	酱牛肝（天津）	21	滑熘牛肚领
9	卤牛肝（广州）	22	干炸肚仁
10	煎牛肝		牛百叶
11	炒牛肝	1	熏牛百叶（辽宁本溪）
12	青椒爆牛肝	2	白焯牛百叶
13	糟熘牛肝片	3	白灼牛百叶
14	牛肝泥子	4	酸辣牛百叶
	牛肺	5	双丝牛百叶
1	烧长肺牛排	6	豉椒牛百叶
2	清煎小块牛肺鸡肝泥	7	姜葱牛百叶
	牛肚	8	炒细牛百叶
1	烩牛肚	9	美味百叶口条
2	白烩牛肚		牛肠牛腰
3	红酒烩牛肚	1	拌牛盘肠（安徽）
4	奶油烩牛肚	2	通花软牛肠（仿唐）
5	白葡萄酒沙司烩牛肚	3	卤牛腰（广州）
6	葱油牛肚	4	牛肉腰子
7	红油牛肚	5	古拉什腰子
8	荔枝牛肚	6	烩牛腰片
9	芥末牛肚		牛舌
10	五香牛肚	1	腌牛舌
11	五香牛肚领（云南）	2	咸牛脷
12	汤爆肚	3	腊牛脷（广州）
13	知味斋水爆肚（天津）	4	咸香牛舌
14	油爆牛肚领	5	椒香牛舌
15	盐爆肚条	6	长春熏牛舌（吉林）
16	爆牛肚片	7	本溪熏牛舌（辽宁）

（续）

序号	菜品名称	序号	菜品名称
8	济南熏牛舌（山东）	17	奶油蘑菇牛舌
9	煮牛舌	18	挂挂牛肉（牛舌及牛肚）
10	焖牛舌		牛脑
11	扒牛舌	1	煎牛脑
12	番茄牛舌	2	蒜泥煎牛脑
13	火腿扣牛舌	3	奶汁烤牛脑
14	酱牛舌	4	烘红油牛脑
15	卤水牛脷	5	炸牛脑
16	炸牛舌	6	炒脑丁

（十二）牛肉糕点、牛肉小食品类

表 13 - 12　牛肉糕点、牛肉小食品类

序号	菜品名称	序号	菜品名称
	牛肉饼、牛肉糕	17	家庭肉糕（牛肉、猪肉）
1	牛肉饼	18	泡菜辣椒肉糕（牛猪肉）
2	煎牛肉饼		牛肉卷
3	烤牛肉饼	1	烤牛肉卷
4	波蛋咸牛肉饼	2	碳烤牛肉卷
5	香炸牛脯饼	3	炸牛肉卷
6	椰子牛肉饼	4	香酥牛肉卷
7	茄汁牛肉饼	5	黄油牛肉卷
8	土豆牛肉饼	6	网油牛肉卷
9	甜辣牛肉饼	7	牛仔肉卷
10	家常牛肉饼	8	焖牛肉卷
11	汉堡牛肉饼	9	威化牛肉卷
12	袈裟牛肉饼	10	桂花牛肉卷
13	牛肉圆饼	11	三丝牛肉卷
14	牛肉煎饼	12	五香牛肉卷
15	煎烤双肉饼	13	牛肉火腿卷
16	酿馅肉饼（牛肉末）	14	煎牛扒火腿卷

（续）

序号	菜品名称	序号	菜品名称
15	熘松子牛肉卷	3	汉堡牛肉球
16	小牛肉蔬菜卷	4	牛肉丸（潮州、汕头）
17	牛肉茶肠卷	5	汤泡牛丸
18	砂仁牛肉卷肘（德河楼饭庄）	6	酥炸牛肉丸
	牛肉排、牛肉扒	7	黄焖牛肉丸
1	汉堡牛排	8	蚝油牛肉丸
2	烤汉堡牛排	9	炸牛肉丸子
3	葡萄酒烤汉堡牛排	10	脆炸牛肉丸
4	牛肉排	11	干炸牛肉丸
5	牛肉排（土豆条、胡萝卜条）	12	茄汁牛肉丸
6	洋葱葡萄干牛肉小排	13	番茄焖双肉丸子（牛肉、猪肉）
7	金钱牛排	14	南煎牛肉丸子
8	中餐牛肉扒	15	牛肉健脾丸
9	肉馅牛肉扒	16	爽口牛肉丸子
10	牛肉扒蛋	17	牛奶洋葱牛肉丸子
	牛肉球、牛肉丸	18	火锅牛肉丸子
1	牛肉球	19	清汤牛肉丸
2	威化牛肉球	20	余毛豆丸子（牛肉、毛豆）

（十三）牛肉羹、牛肉粥、小食品类

表13-13 牛肉羹、牛肉粥、小食品类

序号	菜品名称	序号	菜品名称
	牛肉羹		牛肉粥
1	牛肉羹	1	牛肉粥
2	牛里脊羹	2	牛肉粥（麦仁、牛羊骨）
3	蛋蓉牛肉羹	3	牛肉粥（蒜苗、糯米）
4	西湖牛肉羹	4	牛肉粥（上海）

（续）

序号	菜品名称	序号	菜品名称
5	牛肉粥（四川）		其他小食品
6	牛肉片粥	1	碳烤牛肉角（朝鲜族）
7	滑牛肉粥（北京）	2	牛肉汉堡包
8	牛肉丸粥	3	牛肉面
9	豆芽牛肉丸粥	4	鲜竹牛肉烧麦
10	香菇牛肉粥	5	煮双肉饺子（牛肉、猪肉）
11	牛肉人参莲子粥	6	午餐牛肉
12	免治牛肉粥（香港）	7	牛肉香肠
13	生滚牛肉粥	8	牛肉茶
14	牛尾粥	9	辣椒牛肉酱
15	牛骨髓粥	10	梅茸冻（牛肝、肥猪肉、鸡汤）
16	牛肉稀粥		

第十四章
牛文化的现代传承与发展

一、牛在现代人生活中的作用

人们喜欢牛、赞美牛，不仅赞美其生性温顺和吃苦耐劳，更赞美其对于人类来说全身都是宝。现在牛的经济价值变得越来越大，牛的肉、奶、皮、毛、绒、角、骨和血等，都是人类优质的食品和衣着服饰来源，同时也是重要的轻工业、制药业原材料。

（一）食用价值

1. 牛肉

牛肉是营养非常丰富的肉食品。牛肉所含蛋白质非常高，还含有比较全的氨基酸和多种矿物质，是人体所需而又容易吸收的营养食品。牛肉含有的脂肪，是人体重要的供能物质，其发热量比糖要高两倍，还含有多种维生素和矿物质。适量食用牛肉，有助于青少年的身体发育，也有助于成年人的身体健康。

自古以来，人们就把牛肉制成各种风味的美食，并积累了丰富的美食制作经验。炖牛肉、烧牛肉和烤牛肉就是我国传统的家庭牛肉美食之精品。

2. 牛奶

牛奶是一种含有多种有机成分的高级营养食品，也是婴幼儿最常选用的母乳替代品。牛奶含有丰富的蛋白质、乳糖、脂肪及钙、磷、铁、锰等营养物质。经常饮用牛奶，既能强健身体，又有一定的延年益寿功效。

牛奶还含有大量的维生素 A，可以保护胃黏膜不受毒物的损害。经常饮用牛奶，还能起到降低胆固醇的作用。其原因是，牛奶中含有一种能抑制胆固醇生成的成分——乳基酸。牛奶又可制成酸奶，酸奶中含有大量的乳酸及其他一些有益的有机酸，其营养及食疗价值更高，因而深受人们的喜爱。

3. 牛血

据分析，每千克牛血中含有 150 克以上的蛋白质，比牛肉含蛋白质的比重还略高一些，而且牛血中的蛋白质是一种全价蛋白质，并且含有多种维生素以及人体需要的 8 种氨基酸和多种微量元素。其中的氨基酸含量相当于肉蛋奶的两倍，而且其中的脂肪含量少，铁质含量较多，还含有一定数量的卵磷脂。这些营养成分均易为人体吸收和利用。

因此，常食牛血，对于老年人、妇女和儿童，以及记忆力减退者，都是非常有益的。牛血还是高血脂患者良好的蛋白质来源和最理想的营养食品。

4. 牛蹄筋

将牛蹄剔除硬甲留筋，就成为牛蹄筋。牛蹄筋含有丰富的胶原蛋白，而且很容易被人体吸收。牛蹄筋是牛身上的副产品，其色泽透明，能烹制出多种优质菜肴。其风味别致，营养丰富，而且还具有一定的食疗效用。牛蹄筋具有健骨强筋、益精补阳、滋阴健胃的多种功效。

（二）保健和药用价值

1. 牛脑

牛脑含有大量的氨基酸、糖类及某些激素。牛脑味甘、性温、微毒，入肝、脾、胃经，具有养血息风、生津止渴、消食化积之功效，可用于治眩晕、消渴。对于体瘦病弱者，牛脑是最好的食疗保健品。但食用时要适量，不能食用过多。在食用时可加入一些调料煮熟，其对于头晕、眼花、头痛等都有一定的治疗作用。

2. 牛骨

牛骨富含钙、钾、磷等物质，其中有效钙含量高达 38.8%，还含有多种维生素。因此，牛骨是具有强身健胃之功效的保健品。用牛骨砸碎熬制汤汁，可制成药膳，其不但味美色鲜，而且还营养丰富，能治疗老年骨质疏松症。

3. 牛髓

牛髓又名牛骨髓、牛脊髓。牛髓为牛科动物黄牛或水牛的骨髓。牛髓中含蛋白质、脂肪、维生素 B_2、烟酸等营养成分，具有健脾养胃、补精润肺、壮阳补肾、益精填髓等功效。牛髓适宜体虚多病、精血不足、腰膝酸软、头昏耳鸣、健忘目眩、遗精阳痿、月经不调者食用。但是，肥胖、高血压、冠心病、高血脂、脂肪肝患者要忌食。

4. 牛角

牛角的主要成分是钙、钾和维生素 P。维生素 P 可增强身体细胞间的黏附力，具有保护血管、防止出血的作用。钾是人体不可缺少的营养元素，它能维持正常的血压，有一定的降低血压的功效。作为中药，牛角是著名的寒性药物，具有清心安神、凉血止血、泻火解毒之功效。

5. 牛黄

牛黄是牛胆囊里的结石，即病牛胆汁凝结成的黄色粒状物和块状物，是珍贵的中药材。牛黄被人们称为"乌金衣"，其气清香，味微苦而后甜，性凉。可用于清心、豁痰、开窍、凉肝、息风和解毒。内服牛黄可治高热神志昏迷、癫狂、小儿惊风、抽搐等症。外用可治咽喉肿痛、口疮痈肿等症。牛黄始载于《神农本草经》，列为药中的上品。

6. 牛皮

牛皮是营养及药用价值都很高的保健食品。牛皮最明显的药效就是用来熬制阿胶，尤以黑牛皮为最佳。据史料记载，最早的阿胶就是用牛皮熬制的，后来才逐渐改用驴皮来熬制。阿胶是润肺益肾、滋阴补血的珍贵良药，可治疗妇女崩漏、肺结核咯血、痔血、便血等病症，也可以用于治疗面色萎黄晦涩、口干升火或便秘等疾病。

（三）纺织与制衣价值

1. 牛绒

牛绒是指牦牛绒，其开发利用的时间比较短。牦牛是生长活动在我国四川、云南、西藏、青海、新疆等省区的高原动物，为了适应高寒气候，牦牛身上会长出一层细密纤长的绒毛。这种绒毛最细的为 7.5 微米，平均细度为 16.8 微米。牛绒由于细度细、卷曲多、缩绒性好，具有天然的黑褐色（也有少量白色），因而适宜开发柔软、保暖、无需染色的高档纺织品。

牛绒是我国珍贵的纺织原料，我国年产牛绒约为 3 000 吨，占世界总产量的 85% 左右。由于牦牛绒的强度优于山羊绒，因而在山羊绒产品中加入 10%～15% 的牦牛绒，就能既不失山羊绒产品的柔软舒适特点，又可增加羊绒产品的强度和挺括性。我国目前已开发的牛绒产品有牛绒衫、牛绒羊绒混纺衫、牛绒大衣呢、牛绒立绒毯等高档纺织品。

2. 牛毛

牛毛主要是指牦牛毛，牦牛毛可用于纺织，黄牛毛只能用于制毡。牦牛毛有一定的天然卷曲度，常常是与牦牛绒抱合在一起，不易单独处理，因此在很长时间内，都是将其一起用于纺织。在远古时代就有将牦牛毛用于纺织的记载。在《尔雅》中提到的"犛罽"，即是牦牛毛织物，在当时人们称牦牛为"犛牛"。另据《魏书·宕昌传》记载："其屋织犛牛尾或羖羊毛覆之"。这说明藏族的祖先西羌人所居住的帐篷就是用牦牛毛和山羊毛制成的。藏族的牦牛毛纺织技术保留至今仍在使用。

在罗布淖尔遗址就出土了公元前 1880 年的牦牛毛织物。青海都兰县诺木洪塔里他里哈遗址出土的西周初期残毛布制品，上面就缝有牦牛毛纺成的细线，出土的毛带和毛绳，其原料也多用牦牛毛和羊毛。用牦牛毛纺成的绳，在今天的青海省牧区还在普遍使用。

在化纤制品流行以前，许多乡村地区会用黄牛毛制作毡子。比如，在陇东地区的乡村，就有用牛毛擀毡用来铺炕的传统。在擀毡时，先将牛毛里的杂质清理出来，再将牛毛清洗干净。然后将晾干的牛毛铺在案板上，撒上一些具有吸附性的物质，用一个擀杖把牛毛往一起擀，擀成一层以后，在上面重新铺上牛毛，再继续擀，使新铺的牛毛与下层粘在一起，就这样反复的擀，直到有一厘米左右的厚度就完成了。

在黄牛规模化屠宰之后，黄牛毛一直是作为屠宰废弃物被处理掉（丢弃掉、当作肥料或是充当饲料添加剂），现在黄牛毛可以用于制造再生蛋白纤维，也可以用于制造隔音材料的原料，当然也可以用于制作牛毛毡。

3. 牛皮

在人们的日常生活中，牛皮不仅是制作服装、鞋子的高档材料，而且还是人们制作服装时可以灵活运用的装饰材料，比如以牛皮贴边、以牛皮加固衣领、以牛皮加固衣服的肘部等。牛皮质地坚韧牢固，有细毛孔，透气性良好。作为面料，它具有春秋季能吸湿、夏季不怕热、冬季能保温的诸多优点，是制造皮衣、皮靴、皮带的优质原材料。牛皮还能用于制作牛皮胶，牛皮胶也可用于制作复印胶版、防雨浆、黏合剂、火柴调药、木材胶合料等。牛皮胶还可用于丝绸、棉纱、棉布、草帽等的上浆，也可用于铜版纸、蜡光纸上光等。

二、牛文化博物馆的兴起

（一）西安经文牛文化陶瓷博物馆

西安经文牛文化陶瓷博物馆于 2009 年 9 月 12 日开馆，位于西安经济技术开发区，是我国第一家以牛文化为主题的民营博物馆。博物馆占地 0.67 公顷，建筑面积 6 200 余平方米，陈列面积 3 700 余平方米。

馆藏数千件不同时代、材质各异、千姿百态的牛藏品及陶瓷艺术珍品，展现了中国数千年的文明史都离不开牛的拓荒和耕耘。我国乡村民众历来视牛为"家中宝"，敬牛爱牛。文学家和历史学家郭沫若曾赞誉牛为"中国国兽，兽中泰斗"。

经文牛文化博物馆收藏的牛艺术品涵盖了在西安建都的 13 代王朝中 1 000 多头牛的形象，每一头都栩栩如生，充分展现出牛的憨厚、勤劳、倔强、坚毅的性格。汉代的牛显得温顺谦逊，唐代的牛看起来傲视群雄，北齐的牛昂首阔步，北魏的牛憨态可掬……每一个时代的特征都在牛的造型和神态上表现得淋漓尽致。

经文牛文化博物馆，不仅是一个鉴赏和研究中国源远流长、博大精深的牛文化的重要基地，更是广大观众了解牛文化、学习牛文化、交流牛文化的理想场所。

（二）以牛文化为主题的甘肃康乐县博物馆

在甘肃临夏回族自治州康乐县，有一座以牛文化为主题的博物馆——康乐县博物馆。康乐县博物馆成立于 2007 年，是康乐县唯一的地域性综合博物馆，并以展示牛文化为特色。博物馆展厅面积 800 平方米，内设牛文化展、彩陶展、民俗展、古建筑构件展、红军长征在康乐展等展览。现藏有各类文物 1 532 件，其中二级文物 11 件，三级文物 109 件。

其中最重要的牛文化展，以一幅《神牛颂》作为开篇，赞扬牛自古以来就是人类的宝贝，认为牛具有善良而温顺的性格，牛默默耕耘、无私奉献、脚踏实地、永远前行。中国牛的图腾崇拜可以追溯到 4 000 年前大禹治水时期，中华文明的根脉便是源远流长的牛耕文化。这个牛文化展是目前甘肃唯一的以牛文化为主题的展览，收藏了与牛有关的文物 109 件（套），与牛有关的书画和摄影作品 100 余幅，展品主要为陶牛、彩陶牛、牛绘画、牛模型以及与牛相关的历史文化、民俗典故等资料。

牛文化展览展示了汉、唐、北魏、北齐、宋等各个朝代的陶牛文物、牛纹陶器和牛雕塑，主要包括北魏彩陶牛、北魏牛车、唐代辈辈封侯、童子引牛、牛纹饰陶罐等珍贵文物，其中的一些文物具有极高的艺术水平和文物价值。

（三）广东东莞的横沥牛文化博物馆

许多广东人都听说过以牛美食征服东莞人的生态农庄"横沥牛庄"。但很多人却不知道，这里也是一座集牛文化、牛美食、牛交易三位一体的"牛文化博物馆"。

在广东省东莞市的横沥镇，镇政府与横沥牛庄努力打造了一家博物馆——横沥牛文化博物馆。走进横沥牛庄，首先映入眼帘的是一座座完全由手工搭建的竹木建筑群，在建筑群中隐藏着一座博物馆，在那里人们可以聆听牛人讲述牛的故事、牛文化历史以及牛文化产业的发展。

在牛文化展厅，最醒目的就是彩色牛头和牛皮绘画，它们是这里的标志性展品。继续向前走，就会看到黄牛、水牛、奶牛、牦牛等栩栩如生的牛标本。

在展品中，还有经历了百年岁月沧桑的牛拉车（牛是真实的牛标本，牛车是真实的老物件）。在展架上，摆满了琳琅满目的牛制品、牛工艺品，这些都栩栩如生地展现出牛与人类数千年的相伴相生，也展现出了牛文化与当地人生产与生活的相互融合。

参观了牛文化博物馆，人们就可以进入牛美食体验餐厅。在牛美食体验餐厅的四壁上，都是与牛文化相关的装饰物，比如牛绘画、牛头标志、关于牛的历史故事、牛雕塑等。在用餐期间，还能看到最崇拜牛的云南佤族人表演的关于牛的歌舞，这让人们进一步感受到一种非常浓厚的牛文化氛围。

当人们走出餐厅，前面就是著名的"横沥牛墟（牛交易市场）"。据工作人员介绍，当地原本就有"横沥牛墟"，起源于明末清初时期，是当时广东的三大牛墟之一。几百年间几经辗转，终于在1995年这里恢复了"横沥牛墟"，开始进行牛交易。在2007年，"横沥牛墟"被评定为东莞市首批"非物质文化遗产"。

"横沥牛墟"活牛交易量大，现在按照日历每逢尾数为1、3、6、9的日子，这里就会有省内外客商云集，当地的农户也会参与交易，买卖的牛包括了黄牛、水牛、仔牛、壮牛。"牛墟（牛行）"里的经纪人会当场评价议价，买卖双方可以现场交易。"横沥牛墟"每日成交的数量都在1 000头牛以上。

三、全国各地牛美食文化节的兴起

（一）广东鹤山鲜卑牛文化牛肉美食节

广东省江门市下辖的鹤山市龙口镇每年都在元旦期间举办"鲜卑文化牛肉美食节"，举办地点在龙口镇的霄南村。在美食节期间，成千上万的游客来这里品尝牛美食、观看民俗演出、体验民俗风情。

霄南村是"中国传统村落"，村子里设有村史民俗文化馆，用来展示这个村庄独特的历史。霄南村已有750年的历史，古代鲜卑族源氏祖先从大兴安岭不断南迁，最后落户在此，因此村庄留下了深厚的鲜卑历史文化烙印以及丰富多彩的传说故事。历经750年的人口繁衍，霄南村已有源氏后人2 000多人，占到了全国源氏后人总数的一半。

龙口镇霄南村完整保留着400多座青砖屋、10多间祠堂和10多条青石铺成的巷道。据霄南村村史民俗文化馆介绍，当地人作为鲜卑族源氏后人偏爱吃牛肉是有历史渊源的。当地最有名的牛肉干和牛杂，因为取材新鲜、配料独特，因而口感都很好，深受游客的喜爱。在美食节期间村子里一连三晚举行的牛肉宴最具人气，每晚都有2 000多人围坐在一起，共享牛肉美食大餐。

在美食节期间，乐隐源公祠门口，总要举行鲜卑服饰展示活动，男人们头戴狍子帽，女人们装点摇叶头饰，上身着圆领对襟、窄袖衣裙，下穿满裆长裤，足穿长勒靴，这些服饰生动诠释了鲜卑文化所崇尚的实用主义特点。鲜卑姑娘和小伙子们穿着传统服饰表演鲜卑舞蹈、锣鼓、歌唱等，这极大地增添了"鲜卑文化牛肉美食节"的活跃气氛。

龙口镇也希望借助"鲜卑文化牛肉美食节"活动，弘扬传统鲜卑文化，提升龙口镇霄南村的知名度，为推动鹤山市实现全域旅游发展做出贡献。

（二）广东清远市佛冈牛肉美食节

广东清远市佛冈牛肉美食节在农历霜降节气前后举办，举办地点是清远市佛冈县汤塘镇的菱塘村。在菱塘村，当地有"霜降满田红，吃牛最佳时"的传统习俗。在霜降时节，游客来到这里，到处都充斥着浓郁的牛肉香气。在街道两旁，人们搭起了大大小小的售卖点，鲜牛肉摆满档口，摊档前排起了长队，游客们兴致勃勃地挑选牛肉。

在远一点的地方，有一个活牛和牛肉交易点，一些人正牵着自家的大水牛赶往售卖点卖牛，而另一些人正在准备宰牛，为红火的牛肉市场提供货源。一头刚宰杀好的牛，牛肉、牛骨、牛杂不到半小时就被抢购一空。当地人大多都擅长烹饪牛肉美食，在美食节期间他们尤其繁忙，只为接待四方游客来这里共度这场传统牛肉盛宴。

据传说，当地"霜降满田红，吃牛最佳时"的传统习俗已有数百年的历史。相传明朝年间，汤塘镇菱塘村有一个五口之家，丈夫黄松，妻子邓莲，育有两儿一女。有一年，妻子邓莲身体不适，上吐下泻，四处寻医吃药不见好转，短时间内又有十余村民相继染疾。在霜降之日，黄松叫来几个村民把自己家养的水牛杀了，并将牛肉及牛骨分发到患病的村民家中。神奇的是，患病的村民吃了牛肉之后，病情都有了缓解，而且很快就痊愈了。

自此以后，村民就有了每年霜降吃牛肉的习俗。这一习俗传承至今，已经演变成村民表达祈福团聚愿景的一个民俗节日，当地村民希望通过霜降吃牛肉来祈求祛疾、除病、消灾、避祸，并保佑全家吉祥安康。现在，每到牛肉美食节期间，人们还要编排演出舞蹈剧《牛肉节的由来》，以此来生动地再现这项民间习俗的由来。

（三）广西河池寿乡牛羊美食文化节

广西河池市的巴马瑶族自治县是著名的长寿之乡，山清水秀生态美是当地的特点，而且当地的土壤还具有富硒的特点。牛在这样的富硒草场中，大量食用富硒的青草，喝着清澈洁净的山泉水，呼吸着高负氧离子的清新空气，使得当地的牛肉别具风味。当地出产的牛肉肉质厚实肥美、纹理分明、香味浓郁、鲜美可口、营养成分均衡，素有"三隔肉相间"之称，是长寿之乡出产的优质食材。

当地在发展肉牛产业时，还探索出了"贷牛还牛"全产业链经营模式，鼓励收入水平比较低的农户以"贷牛还牛"的方式参与肉牛养殖业，并以此实现脱贫致富。河池市政府也着力打造"河池寿乡牛"这一农产品区域公用品牌，并建立了多个种牛繁育基地和肉牛生态养殖示范园。

为了促进养牛业发展，广西河池市每年都会在农民丰收节期间举办"寿乡牛羊美食文化节"，举办地点就在巴马瑶族自治县。河池市各县区的特色牛羊美食菜品都会在"寿乡牛羊美食文化节"精彩亮相，并吸引来自全国各地的游客观赏和品尝。美食节期间还会评选出"寿乡牛金牌菜""寿乡牛特色菜"等。

（四）重庆丰都牛肉美食文化节

"民以食为天，美食在丰都"，这是重庆丰都牛肉美食文化节的口号。丰都牛肉美食文化节以丰都庙会的形式展现，其"万人牛肉火锅宴"每年都会让人垂涎三尺，也成为美食节期间标志性的"饕餮盛宴"。

"万人牛肉火锅宴"，主要以毛肚、肥牛、牛肝、牛肚、牛百叶等丰都全牛系列的新鲜食材为主料，摆上上百桌坝坝席（当地乡村的民俗宴席），可容纳上千人同时开涮牛肉火锅。这种乡村民俗宴席每年都能吸引大量的食客，结果使坝坝席成了吃货们不可错过的餐饮盛会。

在丰都牛肉美食文化节期间，每日都是食客云集、人气爆棚、一席难求。上万名食客排队等候，餐桌总是座无虚席，食客都对丰都的牛肉美食赞不绝口。

（五）嘉陵区积善乡牛肉美食文化节

四川省南充市嘉陵区积善乡有一个国强养牛专业合作，还有一个茂彦种养殖专业合作社，它们一同打造了"种植饲料＋养牛＋牛粪种菜养菇"产业链。首先是流转土地种植巨菌草喂牛，再以合作社的方式养牛，然后再以牛粪作为有机肥种菜，或是以牛粪作为食用菌菇的生长基。近年来当地养牛规模不断扩大，正在打造"万牛之乡"。

嘉陵区积善乡牛肉美食文化节，在积善乡的天保村举办，希望牛肉美食文化节不仅能让积善的黄牛肉走进市场，而且还可以借助电商平台，让积善乡的黄牛肉享誉全四川。在美食节期间，人们可以来这里看具有地域特色的文艺表演，可以品尝积善牛肉美食。同时，积善乡还评选出 10 位"养牛致富能手"，在美食节期间他们走上红地毯，受到当地政府的表彰。

牛肉美食文化节期间，还有号称"十全十美"的牛肉盛宴，牛卤大拼盘、粉蒸牛肉、红烧牛肉等牛肉美食依次上桌，2 000 多名来宾盛赞牛肉美食，大呼吃着过瘾。周边各地来参与牛肉美食文化节的人们围坐一堂，一边吃牛肉，一边交流养牛致富的经验，一边憧憬未来的美好生活。

（六）云南寻甸菜牛美食文化旅游节

云南省昆明市寻甸回族彝族自治县，在农历立冬节气前后举办寻甸菜牛美食文化旅游节，其特色是突出寻甸回族菜牛文化，开展民族特色文艺演出，欣赏寻甸石板河美景，使人们陶醉在寻甸的文化特色旅游、民族牛肉美食、优美自然生态之中。在寻甸回族菜牛文化庄园，还建有"菜牛文化陈列室"，人们可以在其中了解富有寻甸特色的"菜牛文化"。

作为"菜牛美食文化旅游节"的重点美食之一，"菜牛饭"采用寻甸土养的菜牛作为主要食材，由寻甸回族菜牛文化庄园的大厨主理，因而总是成为游客们追捧的一桌精美大餐。

寻甸有句老话"牛不壮不宰"，不同于其他地区的肉牛，被选为烹饪"菜牛饭"的菜牛，只喂养玉米秆、大麦或者青草、蔬菜等，因此肉质更加细嫩鲜美。"菜牛饭"味鲜而不腻、肉嫩而不膻，再配以喷香的回族传统炸油香和特色烤茶，在美景间享用美食，使人陶醉其中、流连忘返。

（七）湖南临武县的沙田牛巴美食旅游文化节

湖南省郴州市临武县地处湘南，风景秀丽。当地的沙田牛巴美食旅游文化节举办地点是临武县的金江镇。沙田牛巴是当地的一种土特产，金江镇历来就有烘制牛巴的传统。做牛巴要选用高山放养的黄牛肉，先用香料腌制，再用木炭慢慢地烘烤，待牛肉中的水分基本蒸发后，就变成了肉质紧实、色泽红亮的牛巴。由于肉牛养殖周期长，制作牛巴的原料成本高，要用三斤多牛肉才能做出一斤牛巴，因而每斤牛巴的价格都要超过百元，在临武当地也算是高档食材。

在沙田牛巴美食旅游文化节上，人们不仅可以吃到炒牛巴，而且还能看到敬牛神的习俗、牛魔王娶亲的表演等，也能参与打黑米糍粑的体验活动。

在2014年，临武县成功申报"牛王诞"的传统习俗为郴州市非物质文化遗产保护项目。同时，金江镇还依托舜美牛业公司，构建了"公司＋合作社＋基地＋旅游"全产业链经营模式，并将"沙田牛巴"打造成当地的地理标志保护农产品。沙田牛巴美食旅游文化节的举办，将会促进沙田牛巴的市场推广，也将为金江镇的牛文化产业发展注入了新的活力。

（八）内蒙古通辽牛肉干美食节

内蒙古通辽牛肉干美食节，是以牛肉干和蒙餐以及地方特色产品为主的一大美食盛会，由内蒙古通辽市人民政府主办，目的是要将通辽市打造成"牛肉干美食之都"。通过在当地举办博览会，将当地企业的牛肉产品同步到"网上博览会"，把实物产品展示与电子商务紧密结合，以达到推广当地牛肉产品，拓展牛肉产品营销渠道的目的。

通辽市有美丽的草原，有浓郁的民族文化，有芬芳的美酒，还有成吉思汗蒙古大军留下的历史印痕。通辽市是内蒙古的粮仓，也被人们称为黄牛之乡。"牛肉干美食节"为肉牛产业链的发展搭建了一个集贸易洽谈、加工贸易磋商、合作项目推介、饮食文化交流的平台，也将会促进牛肉干相关企业、蒙古族特色餐饮企业、地域特色休闲食品生产企业和零售企业的进一步发展和产品市场的进一步拓展。

四、肉牛业的十大品牌故事

（一）恒都牛肉

"恒都牛肉"是总部设在重庆的恒都农业集团旗下的牛肉产品品牌。恒都农业集团成立于 2009 年，包括重庆恒都食品、重庆恒都乾途食品、河南恒都食品、重庆恒都饲料、内蒙古恒都农业等 8 个子公司，已建成集肉牛品种繁育、肉牛养殖、饲料生产、活牛交易、牛屠宰及精深加工、牛肉冷链运输、肉牛科技研发、牛肉市场营销于一体的全产业链集团。

恒都农业集团通过对牛肉产品质量进行全程控制，实现了牛肉食材的品质安全和产品的全程可追溯，打造了一条"安全、放心、健康、优质"的牛肉产业链，并使"恒都牛肉"成为著名的牛肉品牌。

为了保证牛肉产品质量，恒都农业集团不断扩大其牛业基地（包括肉牛良种繁育场、规模化养殖场、进口活牛隔离场等），在重庆丰都、重庆梁平、河南泌阳、内蒙古赤峰等地建成肉牛良种繁育场 2 个、肉牛标准化育肥场 11 个、进口活牛入境隔离场 2 个。目前，恒都农业集团旗下的肉牛育肥场是供港冰鲜牛肉备案基地场，也是中央储备肉活畜代储企业基地场。

在活牛屠宰和牛肉加工方面，恒都农业集团已在重庆丰都、河南泌阳建成 2 座高水平的肉牛屠宰加工厂和 1 座牛肉产品深加工工厂，其牛肉可分割为 16 个部位，加工产品品种可达 200 多个。其加工企业已经获得清真食品、绿色食品、有机食品认证，在落实确保食品安全的系统性防范措施的同时，企业通过了 ISO 9001、ISO 22000、HACCP、QS、GAP 认证。

（二）科尔沁牛肉

内蒙古科尔沁牛业股份有限公司成立于 2002 年。科尔沁牛业注重传承草原的放牧传统，并通过与现代化的生产与经营方式的结合，传承草原文化，守护科尔沁草原传承千年的牛肉美食味道。

科尔沁牛业坚守"食品工业，道德工业"的信念，在科尔沁草原上建立了一条全程可追溯的牛肉产业链，是集牧草种植、牛肉养殖、牛屠宰加工、环境生态建设于一体的牛业公司。公司总部位于内蒙古通辽市，其地理位置恰好处在世界黄金玉米带，很适合牛饲料和饲草的种植。公司还培育了科尔沁肉牛，它是以瑞士西门塔尔牛为父本、内蒙古黄牛为母本培育的，很适合当地的气候和环境，其牛肉营养美味，深受市场的欢迎。

科尔沁牛业实现了牛肉生产经营的全程可追溯，使每一头肉牛从饲养到免疫、再到屠宰加工，每一个环节的信息都全部采集在中央数据处理系统中，让消费者通过追溯码就可以清晰地了解每一块牛肉的生产全过程，保障了其牛肉产品的食用安全。科尔沁牛业拥有牛胚胎移植中心、育肥牛基地、牛屠宰加工场、草牧场、牛肉餐饮连锁公司等下属企业。

科尔沁牛业现已获得多项国际贸易认可和国家认证证书，包括对俄罗斯、中东地区国家、印度尼西亚、马来西亚等国家以及香港地区的出口资质，并获得由中国绿色食品发展中心颁发的绿色食品证书以及由中国伊斯兰协会认证的清真食品标志。

（三）亿利源牛肉

阳信亿利源清真肉类有限公司，位于山东省滨州市的阳信县，处在黄河三角洲平原的中心地带。亿利源清真肉类有限公司成立于 2004 年，目前已经发展成为集优质牧草种植、牛饲料研发、肉牛繁育、高档肉牛育肥、牛肉及牛副产品深加工、有机肥加工、牛肉冷链物流等在内的全产业链肉牛产业化示范企业。

亿利源清真肉类有限公司严格遵守伊斯兰教规中的屠宰规定，严格遵守国家卫生标准、检疫标准和牛屠宰操作规程，其产品以西餐、日餐、韩餐中所使用的高档牛肉为主。其牛肉制品外观色泽鲜美、肉质细嫩多汁、富含蛋白质、维生素和多种矿物质，属于绿色食品，其营养价值也较高。

亿利源清真肉类有限公司的牛肉分割品已达 200 多个，其分割的精细化程度很高。亿利源公司还是 2008 年北京奥运会、2010 年上海世界博览博会、2016 年 G20 杭州峰会指定的牛肉原料供应商。其产品主要销往北京、上海、天津、重庆、广州、深圳等国内大城市，而且深受消费者的欢迎。

亿利源公司在山东省率先实现了肉牛生产加工的全程可追溯，建立了完整的从养殖、屠宰、加工、运输到销售等环节的质量安全管理追溯系统。而且这一管理系统已经实现黄河三角洲（滨州）国家农业科技园区管委会、滨州市科技局对于其全程可追溯系统的信息共享和同步监管。

由于其实现了可追溯系统的信息共享，因而使亿利源公司在肉牛行业和社会大众中树立了良好的诚信经营形象，也使"亿利源牛肉"的品牌价值得到了提升。为了进一步拓展市场，公司开设了东北、西北、华东、华南、中原五个销售分公司，并与顺风肥牛火锅连锁店、小肥羊餐饮连锁公司、海底捞餐饮股份有限公司、青岛波尼亚食品有限公司等知名企业建立了长期业务合作关系，使优质牛肉产品获得了日益稳定的销售渠道。

（四）秦宝牛肉

陕西秦宝牧业股份有限公司成立于 2004 年，以经营和开发秦川牛而享誉业界。秦川牛又被称为"关中牛"，原产于陕西渭河流域的关中平原，是中国五大地方良种牛之一，被誉为"秦之瑰宝"。八百里秦川植被繁盛、水草丰茂，这里就是秦川牛的繁衍生息之地。秦宝牧业公司通过提升牛源品质，倡导规模化、标准化肉牛养殖，改善了牛肉风味，提升了牛肉品质，也拓展了牛肉市场。

秦宝牧业公司从创立开始，就一直致力于肉牛的良种选育、标准化繁育、规模化育肥和现代化的屠宰分割以及精深加工。秦宝牧业公司联合中国农业大学、西北农林科技大学等单位，以优良秦川牛为母本，以澳大利亚和牛、安格斯牛为父本，培育出了新一代良种肉牛品种——秦宝牛。秦宝牛继承了秦川牛的适合西北地区生长环境的优势，又同时具有适合规模化集中育肥的现代肉牛经营优势，因而具有很好的市场前景。

秦宝牧业公司坚持快乐养牛，倡导饲养动物的福利和善待动物，并运用保障饲养动物福利的先进理念，饲养出了健康的好牛，也生产出了优质的牛肉，同时还打造出了"秦宝牛肉"这一优质牛肉品牌。秦宝牧业公司还以养牛为载体，带动陕、甘、宁地区的乡村农户，通过养牛走上致富之路，由此带动了周边区县肉牛产业的蓬勃发展。

秦宝牧业公司不仅打造了保障动物福利的秦宝"养牛世界"，在这里牛可以吃熟食（饲料经过高压蒸熟）、睡软床（以锯末和粉碎秸秆做垫床）、做按摩（牛舍里安装电动按摩刷）、听音乐（牛舍播放音乐），而且也创建了西北地区最大的牛肉加工产业园。牛肉加工产业园有最先进的肉牛屠宰加工流水线，专门从事肉牛屠宰、牛肉精细化分割和牛肉的深加工。

（五）长白弘牛肉

珲春市吉兴牧业有限公司成立于 2005 年，地处吉林省延边朝鲜族自治州珲春市的图们江下游，与俄罗斯接壤，与朝鲜隔江（图们江）相望。与日本和韩国隔海相望。独特的地理位置、温和的海洋季风气候，营造了独特的肉牛养殖环境。吉兴牧业有限公司是以经营和开发我国五大良种黄牛之一的延边黄牛为主，现存栏延边黄牛 5 000 多头。

据考证，延边黄牛是在清代由朝鲜移民渡过鸭绿江带到延边朝鲜族自治州的，延边黄牛役用性能良好，适于耕田。在几百年间，经过与延边当地黄牛不断进行杂交，从而形成了现在的延边黄牛品种，并被确定为中国五大良种黄牛之一。特殊的地域特点造就了延边黄牛肉质细嫩、汁甜味美、柔软适口的食用特点。

公司充分利用延边黄牛这一良种黄牛宝贵资源，努力扩大肉牛养殖规模，采用"公司＋农户"的经营模式，走产业化发展道路。公司每年都定期举办与农户的对接会，并签订养牛合同，同时也不定期举办养牛培训班，直接帮助签订养殖合同的农户提高肉牛饲养水平，带动当地养殖农户一起养牛，并实现养牛致富。

吉兴牧业公司采用产销一条龙生产经营模式，自公司成立以来，一直在为延边黄牛的品种优化与产品加工的优化做着不懈的努力。在养牛环节，吉兴牧业公司以牧养为主，结合青贮饲料饲喂；在肉牛屠宰和牛肉加工环节，公司引进先进的屠宰加工设备以确保加工产品的质量，由此树立了"长白弘牛肉"优质产品的品牌形象。

（六）伊加益牛肉

宁夏壹加壹农牧股份有限公司成立于 2005 年，坐落在宁夏回族自治区的吴忠市红寺堡区，当地山翠水绿、风光旖旎。经过多年的发展，宁夏壹加壹农牧公司已形成了独具特色的集肉牛繁育、养殖、屠宰、加工、销售于一体的全产业链经营格局。公司在全国率先探索和实践乳肉兼用型肉牛分阶段养殖模式，并通过农民养牛专业合作社，带动周边地区的农户通过一起养牛来实现增收致富。

宁夏壹加壹农牧公司在乳肉兼用型牛的饲养领域起到了示范带头作用，实践了生态循环的可持续发展理念。公司将长周期的肉牛育肥模式，按肉牛发育阶段的不同，划分为四个饲养阶段，公司负责技术难度大、饲养要求高和收益偏低的饲养阶段，而将容易饲养和收益偏高的阶段交给公司周边地区的农户饲养。合理的产业链组织和科学的饲养方式，不仅调动了农户的养牛积极性，而且也造就了"伊加益牛肉"的优良品质，其牛肉系列产品营养丰富、口感鲜嫩、纹理美观，在市场上深受消费者的欢迎。

公司在打造线上销售平台的同时，也在宁夏、广东、上海、天津等地建立了完善的线下品牌牛肉体验店，并以宣传"壹心壹意好牛肉"经营理念来强化"伊加益牛肉"的品牌形象。经过多年的努力，安全健康、消费体验好、物美价廉的"伊加益牛肉"已经在市场上推出了多款牛肉产品，并且取得了良好的营销绩效。

（七）康美牛肉

甘肃康美现代农牧产业集团成立于 2002 年，位于临夏回族自治州的康乐县，是一家集肉牛良种繁育、科研推广、牛业咨询服务、饲草料加工、肉牛规模养殖、肉牛交易、屠宰分割与牛肉系列产品的深加工、牛肉销售和牧场观光旅游于一体的、一二三产业融合经营的全产业链企业。

康美集团的牛业经营，可以辐射到临夏、定西、甘南 3 个地市、7 个县肉牛产业，通过示范带动，已经发展了千头以上的肉牛育肥场 17 个、500～999 头的 35 个、100～499 头的 171 个，5～99 头的有 1 万多户，年出栏育肥牛可达到 5 万头以上。从集团创建至今，已经在国家级贫困县（康乐县）培育起一个初具规模的富民产业——肉牛产业，并使肉牛产业成为康乐县的支柱产业。

康美集团通过与农户签订免费冻配合同、良种犊牛回收合同、饲料玉米种植合同以及"公司＋基地"（农户）合作协议，推动了当地肉牛的良种化进程，养殖基地和农户每养一头牛平均可增收 1 000～1 500 元。康美集团积极引导农户种植有机饲料玉米，并引导农户开展全株青贮，使农户每亩饲料玉米可增收 800～1 000 元。

康美集团在"公司＋农户"的实践过程中，探索出了一种新的经营模式——"康美模式"，即"六位一体"的肉牛育肥标准化养殖模式。这一模式包括：牛舍的标准化设计、牛舍的规范化建设、牛场的制度化管理、肉牛的精准化养殖、牛场的科学化防疫、粪污的无害化处理。在"健康美好是康美的追求，安全优质是康美的保证"这一宗旨下，努力打造"康美牛肉"这一品牌，其牛肉系列产品被誉为"清真三好牛肉"，即好环境、好品质、好工艺。

（八）呼伦贝尔牛肉

呼伦贝尔肉业集团成立于 2013 年，位于内蒙古自治区呼伦贝尔市阿荣旗的那吉镇。呼伦贝尔肉业集团依托呼伦贝尔广袤天然草场的地缘优势，已经建立了阿荣旗牛业基地、敖汉牛业基地、西丰牛业基地、天津市中荣肉业基地等大型现代化牛业生产基地，形成了年养殖育肥肉牛 6 万头、屠宰加工肉牛 50 万头的产能。

呼伦贝尔肉业集团通过"公司＋基地＋合作社"模式，在自身发展壮大的同时，带动了当地现代肉牛养殖业的发展。目前，已有近 6 万户农牧民，加入到呼伦贝尔肉业集团的肉牛产业链之中。集团始终遵循"用良心缔造道德行业"的肉牛业经营理念，为肉牛产业的兴盛、为当地经济的发展做出了贡献。

呼伦贝尔肉业集团严格按照清真食品的方式进行肉牛屠宰，并凭借先进的生产技术及屠宰加工管理体系，构建了科学的食品安全质量可追溯体系，实现了由农场到餐桌的全程质量管控，其牛肉产品已经取得了绿色食品认证。

呼伦贝尔肉业集团利用地域资源优势，不断提高自主创新能力，并根据市场的不同层次需求，加大产品研发力度，努力打造适合现代人饮食习惯的新牛肉产品。同时，呼伦贝尔肉业集团也逐渐形成了集饲料加工、肉牛育肥、牛肉食品精深加工、牛肉市场营销于一体的完整肉牛产业链，并建起连接沈阳、哈尔滨、北京、天津、上海、深圳、广州等城市的牛肉销售网络，使"呼伦贝尔牛肉"成为享誉全国的著名牛肉品牌。

（九）鸿安牛肉

阳信广富畜产品有限公司成立于2002年，位于山东省滨州市的阳信县，其"鸿安牛肉"品牌于2007年被评为"中国名牌产品"。广富畜产品公司本着"鸿福远大，安享太平"的宗旨，以"养身益性、清洁卫生、合乎教规"为标准，采用伊斯兰教屠宰法创建了"鸿安牛肉"这一清真食品品牌。

广富畜产品公司是在国家"粮改饲"背景下成长起来的牛业公司，它集饲草种植、肉牛饲料研制、肉牛繁育、牛肉育肥、肉牛屠宰、牛肉精细化分割、牛肉及牛副产品熟食深加工、冷链物流配送、线上线下销售、牛皮生产加工、牛肉餐饮、粪污资源化利用于一体，建设了"绿色优质肉牛产业示范园"，已经成为全国少数民族特需商品定点生产企业、山东省电子商务示范企业和"食安山东"牛肉生产示范企业。

公司建立了万亩青贮专用全株玉米饲草种植基地，建设了3个国家标准化肉牛养殖基地，主要以繁育、养殖、育肥鲁西黄牛和渤海黑牛为主。公司还建立了两个肉牛屠宰加工物流园区，使传统清真屠宰技术与现代屠宰分割技术相互融合，构建了先进的现代化屠宰流水线、分割与真空包装速冻流水线，并采用了先进的排酸处理技术。

为了进一步扩大牛肉产品的市场，公司建立了牛肉调理制品和熟食制品生产车间。在调理制品和熟食制品的加工过程中，口感主要依靠选取不同部位的肉品来解决，调料主要是使用植物类调味品，不使用化学调味品，并强调把食品安全从农田做到餐桌，目的是确保消费者的食用安全。

（十）犇福牛肉

延边畜牧开发集团成立于 1984 年，注册地在吉林省延边朝鲜族自治州的延吉市。公司拥有延边种牛场、种公牛站、育肥牛场、屠宰加工厂、兽药器械供应站、畜产品经销机构等经济实体，是集延边黄牛良种选育、品种资源保护、肉用品系开发、牛胚胎和冻精生产、黄牛冷配改良、兽药饲料供应、牲畜屠宰加工、畜产品经销等为一体的牛业综合企业。

延边畜牧开发集团以经营和开发延边黄牛而享誉业界。延边黄牛是我国五大地方良种黄牛之一，与韩国的韩牛和日本的和牛同宗同源，是国家的资源保护品种。但由于历史上延边黄牛是以役用为主，虽然其牛肉品质很好，但是其产肉率较低，生长比较慢，因而作为肉牛养殖的经济效益不高。

在认识到本土黄牛作为肉牛养殖的市场空间越来越小的情况下，延边畜牧开发集团意识到必须培育出属于自己的专业化、产肉性能优良的肉牛品种，才能提高养牛业的经济效益。于是，延边畜牧开发集团集结了高校和科研机构专家一起进行技术攻关，历经十几年的努力，终于以延边黄牛为基础，培育出了专门化的肉牛品种——"延黄牛"。

随着"延黄牛"的种群不断扩大，延边畜牧开发集团又在 2007 年投资建立了肉牛屠宰深加工生产线，并成立了以肉牛屠宰加工为主业的龙井长白山犇福清真肉业有限公司，同时也注册了"犇福牛肉"这一品牌。延边畜牧开发集团一直坚持生产清真食品的"安全、绿色、营养、健康"理念，并形成了一套完整的质量安全保障体系和可追溯体系，其产品获得了绿色食品认证、有机食品认证。

五、休闲农业中牛文化的传承与发展

当人类社会以犁耕农业取代了锄耕农业，人们就开始使用牛来为人拉犁耙田了。在奴隶社会和封建社会时期，自然经济占主导地位，农耕是当时社会的主要收入来源。因此，那时人们把牛看成是在农业生产中决定丰欤的关键因素。在当时人们的日常生活中，除了耕地，牛还被用于拉碾和推磨，牛车则被用于运输和载客。由此可见，牛在当时人们的生活中地位有多么重要。

民以食为天，千百年来耕作都是民众生存的基本劳作，无论是南方的稻作区域还是北方的旱作区域，牛都曾是最基本的生产资料，农家依赖于牛来取得丰足的粮食。在江南水乡，水牛曾经是乡村里最美好的风景，水牛帮人劳作，孩子骑牛放牧，晚归时还有一曲"牧童短笛"……在北方乡村，牛承担了人力难以完成的耕地劳作，牛车载着人和物穿行乡里，输送了农耕社会的人流与物流，牛车伴随着一曲"信天游"行走在山间……

几千年的农耕社会发展，人们养牛、用牛、爱牛、崇拜牛，与牛相依相伴，由此产生了对牛的崇敬之心，并形成了各地丰富多彩的牛文化。牛在民众心中的形象是勤勤恳恳的，是吃苦耐劳的，是任劳任怨的。这其实就是我国各地乡村农本思想的一种体现，是民众祈求吉祥、盼望丰收、希望富裕的象征。但从另一个角度来看，各地的牛文化也正是当地劳苦大众自身形象的一种象征。英国哲学家柯林伍德的"精神镜像"理论，为这一文化现象提供了佐证。在牛的文化形象中，各地的民众赋予了太多自身的情感，这就像镜子一样，其实就是人类自身形象的一种投影，是人自身的象征物。

在我国努力实现乡村振兴的背景下，需要不断挖掘牛文化、弘扬牛文化，要使传统牛文化在乡村文化建设中发挥其应有的作用。在乡村的休闲农业发展中，更需要展示牛文化、传承牛文化。这样，才能使几千年传承不绝的中国乡村牛文化，在现实的乡村发展中展现出新的文化魅力，助推乡村的文化建设和文化发展，并借助于乡村休闲农业的发展推进乡村经济的发展。

（一）传承牛文化基因，丰富农耕文化的内涵

文化承载历史，积淀文明，生生不息。以文化人，化于无形；以文育人，细语无声。在我国未来的休闲农业发展中，努力传承农耕文化中的优秀牛文化，不仅有利于人们身心健康，有利于青少年健康成长，有利于促进城乡和谐发展，同时，也是在传承我们的历史、传承我们的农耕文明。

休闲农业是与人的休闲生活、休闲行为、休闲需求密切相关的农业产业，特别是指以乡村旅游业、乡村文化产业为主体构成的乡村经济形态和产业系统。休闲农业是依靠农村自身的资源条件，如自然环境、文化遗产、天然产品、乡土文化、传统习俗等，来满足城镇居民休闲需求的产业。深入挖掘我国农耕文化中的牛文化资源，将会在促进我国牛文化不断传承的同时，也促进乡村休闲农业的深入发展。

牛文化是我国农耕文化的重要组成部分，体现了中华民族对生命起源的探索和对于勤恳踏实、任劳任怨、勇往直前的耕牛的崇敬。传承这些牛文化基因，在发展养牛业的同时，努力挖掘和传承我国乡村传统的牛文化，将有助于进一步丰富中华农耕文化的内容，也将为我国乡村经济发展增加新的文化活力。

比如，在我国许多地区，由于对牛的崇拜而产生了一系列与牛相关的地域习俗和民族文化活动，这些都可以作为当地发展乡村休闲产业的文化基因和创意源泉。通过深入挖掘这些文化基因，一定能在养牛业发展的同时，也拓展出独具地域特色的乡村牛休闲产业。

总之，传承牛文化有助于丰富人们的精神世界，有助于培育一个社会对于勤恳踏实、任劳任怨、勇往直前那种精神的追求，有助于营造一个踏实勤奋的工作氛围，有助于形成一个认准目标勇往直前的社会环境。希望未来一代一代的年轻人，都具有"老黄牛"的踏实品质和"拓荒牛"的奋斗精神。

（二）挖掘牛文化要素，丰富乡村的休闲活动

乡村休闲对于人们的生存与发展具有越来越重要的意义。通过挖掘乡村休闲中的牛文化内涵，可以丰富乡村休闲活动的内容，可以将具有乡土气息的牛文化拓展为乡村休闲产业发展的新思路。

传承我国农耕文化中的牛文化，是未来我国乡村休闲产业发展的重要思路之一。我国各地都有丰富的牛文化资源，比如《诗经》中的牛文化、陇东和陕西地区的牛郎织女传说、汉族自秦代就开始的敬牛神活动、苗族节日中的牛文化、岭南少数民族对于牛的崇拜、青藏高原的牦牛文化等。这些由于对牛的崇拜而产生了一系列民族习俗和民族文化活动，都可以作

为未来发展乡村休闲农业的创意源泉。通过深入挖掘牛文化，一定能够拓展出独具地方特色的休闲农业产业。

在我国广大的乡村，几千年以来都有养牛的习俗和牛文化传统，通过深入挖掘各种时令节庆（比如：开耕节、鞭春牛、洗牛节、调牛节、牛王节、颂牛节等）和各地的牛美食渊源，在拓展休闲农业产业的同时，也可以极大地促进当地养牛产业的发展和牛文化的传承。

总之，在促进乡村养牛产业发展的同时，不断挖掘牛文化要素，可以推动乡村休闲产业朝着更加具有地域文化特色的方向发展。这样就能使养牛业与乡村休闲业更加紧密地结合在一起。同时，还能使人们在参与休闲农业活动的同时，提升文化品位，培育踏实、向上的人格精神。

（三）大力发展养牛产业，推动乡村经济融合发展

我国乡村有着悠久的养牛历史，也有着悠久的牛文化传统，这是我国乡村经济发展中重要的文化基因和产业基因。充分挖掘这些基因，将会为我国乡村产业的融合发展和乡村经济的繁荣发展，提供新的理念和新的发展路径。

几千年以来传承至今的养牛习俗和牛文化传统，是我国乡村发展"灵感"来源的宝库。深入挖掘这一宝库，就能拓展出各地乡村养牛产业和乡村休闲产业融合发展的独特路径。各种美好的牛传说与掌故、各种有益健康的牛游戏活动、各地的不同时令节庆、逢年过节与牛相关的各种仪式习俗、各种牛美食及其渊源故事等，都可以在促进当地养牛产业发展的同时，增加养牛业的文化价值和休闲附加价值，都能促进当地农民脱贫致富，都能推动乡村经济实现稳步发展。

我国养牛业在为社会提供物质产品（牛肉、牛奶、牛皮、牛绒、牛毛等）的同时，也能通过人们在乡村休闲活动中感知牛文化而为社会提供精神产品（比如：愉悦的心情、健康的心态、文化品位的提升、对踏实精神与拓荒精神的追求等）。总之，继续传承我国农耕文化中的牛文化基因，挖掘牛文化要素，促进养牛产业融合发展，对于发展我国乡村畜牧业和乡村休闲产业都有着十分重要的现实意义。

参 考 文 献

《思想战线》编辑部．西南少数民族风俗志．北京：中国民间文艺出版社，1981.

巴娄．苗族村民的牛文化．理论与当代，2009（2）.

巴莫阿依嫫．彝族风俗志．北京：中央民族学院出版社，1992.

蔡立．四川牦牛．成都：四川民族出版社，1990.

曹秋玲，屠恒贤，李文瑛．特种动物纤维在我国古代纺织品中的应用．2006 中国国际毛纺
织会议论文集，2006.

陈国强，朱亚楠．几种动物毛纤维的性能测试分析．毛纺科技，2016（10）.

陈密．从大足石刻造像"牧牛图"看体育活动中的牛文化．衡水学院学报，2013（1）.

陈萍．"牛"的文化解析．重庆三峡学院学报，2005（6）.

陈顺宣．金华斗牛风俗述评．民俗研究，1993（2）.

陈伟明．古代岭南少数民族的牛文化．广东史志，1996（4）.

大理市文化局．白族本主神话．北京：中国民间文艺出版社，1981.

邓蓉，王伟．试论中国农耕文化中的牛文化挖掘．第七届中国牛业发展大会论文
集，2012.

邓蓉，王伟．中国牛肉美食与牛肉饮食文化．中国牛业科学，2017（5）.

邓蓉，阎晓军，孙伯川．如何提高我国肉牛产业经营效益．中国畜牧兽医报，2010-11-07.

邓蓉，张存根．中国肉牛生产发展分析．中国畜牧杂志，2009（增）.

丁克实．黄牛庙遐想．瞭望周刊，1991（52）.

东方．美味牛肉营养菜肴．农村实用技术信息，2011（12）.

傅奠基，王向红．牛与昭通地名中的农耕文化．昭通学院学报，2014（2）.

高道兴，花俊国，张勇．丞相牛肉加工的开发研究．肉类工业，1996（1）.

高秀兰，包志华，赵涛．内蒙古牛肉干加工工艺技术革新研究．农产品加工，2016（1）.

郭俊然．汉代牛文化探析．农业考古，2016（6）.

何烽，张博铭，李雄超，等．丰都：肉牛之都将大摆"全牛宴"．重庆日报，2015-
10-22.

何江红，张淼，陈祖明，等．传统烧菜笋子烧牛肉的标准化控制研究．食品与发酵科技，
2010（4）.

何天慧．论《格萨尔》所反映的藏族牛文化．中国藏学，1998（1）.

何亚女．浅析中国牛文化．襄阳职业技术学院学报，2019（5）.

何彦霓．发展牛文化事业 促进牛产业发展．第四届中国牛业发展大会论文集．中国畜牧
　　业协会，2009.

侯冬梅．"牛文化"的源流与变迁．河南科技学院学报，2009（12）.

惠富平，荆峰，卜风贤．中国牛文化述论．黄牛杂志，1998（1）.

剑嵘．全国首家牛肉面研究所问世．现代营销，2005（2）.

金锋．牛肉盐水火腿加工工艺研究．肉类工业，2013（6）.

金华市民间文学集成办公室．浙江省民间文学集成·金华市故事卷．北京：中国民间文艺
　　出版社，1989.

李慧文．牛肉制品 737 例．北京：科学技术文献出版社，2003.

李莉，孙继富，刘召乾．由汉画像石对邹城牛文化的探讨．中国畜禽种业，2011（12）.

李盛仙．牛年漫话牛肉名吃．中国土特产，1997（4）.

李伟良．滇南江外彝族牛文化的民族学研究．滇西科技师范学院学报，2018（3）.

李先鸿．"牛文化"对联趣话．对联·民间对联故事，1997（1）.

李智萍．我国牛文化概念的提出与传播．平顶山学院学报，2019（1）.

刘源，徐幸莲，周光宏．南京酱牛肉风味研究初报．江苏农业科学，2004（5）.

刘自成．牛文化试探．云南师范大学哲学社会科学学报，1995（6）.

陆仲麟．牦牛育种及高原肉牛业．兰州：甘肃民族出版社，1994.

马竹书．兰州牛肉面产业化发展再思考．甘肃科技纵横，2012（10）.

蒙国荣，谭贻生，过伟．毛南族风俗志．北京：中央民族学院出版社，1988.

南宁师范学院广西少数民族民间文学研究室．广西少数民族风情录．南宁：广西民族出版
　　社，1985.

宁波市民间文学集成办公室．浙江省民间文学集成·宁波市故事卷．北京：中国民间文艺
　　出版社，1989.

潘传瑞，吴伏虎，刘海燕，等．牛鼻绳牵出 10600 年前苑和囿．广东园林，2015（4）.

潘光华．贵州民俗论文集．北京：中国民间文艺出版社，1989.

潘利林．谈牛文化的审美艺术精神．旅游纵览，2016（1）.

蒲朝军，过竹．中国瑶族风土志．北京：北京大学出版社，1992.

饶恒久．从《诗经》看牛与周文化的联系．宁夏大学学报（社会科学版），1994（1）.

苏宗仁．戏曲舞台上的牛戏．中国演员，2009（12）.

孙绪文．海州风俗史话．合肥：黄山书社，1996.

王曾瑜．中国古代牛的用途和黄牛、水牛．铜仁学院学报，2016（1）.

王栋．开发金华斗牛 创建旅游品牌．中国高新技术企业，2009（14）.

王攀．从《说文解字》中的"牛"部字看中国古代的牛文化．学行堂文史集刊，2011（2）.

王强，李智成，陈志豪，等．动物毛资源化利用进展．西部皮革，2016（7）.

王卫，吉莉莉，张佳敏，等．四川省牛肉加工产业发展技术研究．成都大学学报，2016
（4）．

王文，孔建纲．土豆烧牛肉加工工艺．肉类工业，2016（4）．

王媛媛．中国民间剪纸中的牛文化．三峡论坛，2009（2）．

魏成斌，徐照学．丰富多彩的中国牛文化．第八届中国牛业发展大会论文集．中国畜牧业
协会，2013．

吴乃华．牛文化与中华民族的生命理想．贵州社会主义学院学报，2009（2）．

武仲平．牛年说"牛戏"．当代戏剧，1997（6）．

肖文博．牛文化漫谈．中国畜牧业，2014（7）．

徐杰舜，徐桂兰．中国奇风异俗．南宁：广西人民出版社，1989．

许武．牛年—牛地名真牛．中国地名，2009（2）．

薛纪莹，余正风．牦牛绒的性能及其利用．中国牦牛，1981（3）．

薛永朗．从经济效益出发用好牦牛绒（毛）．西南民族学院学报（畜牧兽医版），1987
（1）．

严小华，李子硕，张紫军．魏显德民间故事集．重庆：重庆出版社，1991．

杨东方，马增云，姚德保．中国黄牛文化之刍议．中国畜牧业杂志，2009（增）．

杨怀伟．走出牛产业 打造"牛文化"．第三届中国牛业发展大会论文集，中国畜牧业协
会，2008．

杨陌公，解希恭，赵人俊．山西平陆枣园村壁画汉墓．考古，1959（9）．

应长裕．奉化民间稻作信仰调查．中国民间文化，1993（2）．

张本民，单志华，陈治军．基于残弃牛毛的隔热隔声功能材料研究．化工新型材料，2018
（1）．

张光明．山西的牛文化．语文研究，2001（4）．

张连举．《诗经》中牛文化的价值取向．北京大学学报（哲学社会科学版），2009（6）．

张孝刚，唐玲，胡斌．传统中式牛肉干加工工艺改造与标准化分析．食品工业，2015（2）．

赵国兴，彭耀庆，高建．我国牛驯化发现的背后故事．化石，2015（1）．

中国民间文化研究会湖北省分会．湖北民间传说故事集·武汉市专集．湖北省群众艺术
馆，1983．

中国民间文化研究会湖北省分会．湖北民间传说故事集·襄阳地区专集．湖北省群众艺术
馆，1982．

周桂峰．丑牛耕春．北京：中国时代经济出版社，2003．

朱荣梅．牛影婆娑耀汗青——我国上古乐舞中的牛文化元素及意义．农业考古，2015（6）．

祝美好．从《说文解字·牛部》看中国的牛文化．晋城职业技术学院学报，2013（5）．

邹介正．牛医金鉴［邹介正评注］．北京：中国农业出版社，1981．